Spiritual Culture
青心文化

在阅读中疗愈 · 在疗愈中成长

READING & HEALING & GROWING

快乐终极指南

The Ultimate Key to Happiness: How To
Be Happy All The Time, No Matter What's
Going On Around You

〔美〕罗伯特·沙因费尔德 著

朱清明 译

中国青年出版社

推荐序

真高兴罗伯特·沙因费尔德老师的新版《快乐终极指南》即将面世啦。现如今，作者能够每年来到中国参加现场活动还要感谢这本书的因缘。

我清晰地记得，2017年，我在一个咖啡厅一口气读完这本书的时候，内心突然冒出一个想法——去美国拜访这位作者，邀请他来中国。因为我在这本书中真正地开始感受到了——"快乐"它到底"真的"是什么？它又"真的"不是什么？如何安住于"真幸福"的生命状态？我想告诉各位读者：这是一部任何追寻幸福、快乐的人都不能错过的经典之作。

众所周知，世界上的人们一直以来都在追寻着幸福、快乐的美好感受，这是我们人类从事各类事务的终极背景音乐。佛陀说，所有的生命都是"痛苦的"（但不是消极的）。无论你是富有、贫穷、生病、健康、年轻或年老，都是如此。当然，有时候你并没有受苦，但绝大多数情况下你只是在努力让自己越来越好。这就归结为：你会在某个时候意识到这就是你一生所做的一切——努力做到最好，终极目标就是要追寻并且经验到"幸福快乐的感受"。

人们几乎都清楚地知道，幸福快乐的感受真正来源于我们的内在，我们的内在却如同一个"马戏团"，上演着我们对外在认知的想法、感受和感觉的"魔术把戏"，这我所称之为"魔术把戏"的就是我们真正享受"幸福快乐"的障碍。

在这本书里，沙因老师就像一位揭秘"魔术把戏"的专家，他亲自带领我们来到我们内在的"马戏团"后台去看一看，看一看这使我们不快乐的障碍到底是什么，它又到底不是什么。正如他所述，他给到我们的不是技术、技巧、方法、策略、哲学、心理学或形而上的，这也无关乎信念、思考、想法、概念、分析和理解，他所给到我们的就是真真实实地带你亲身去到你的内在更深处去"看见"并且直接去"经验"到这"魔术把戏"是如何演绎并障碍我们体验到"真幸福"的。

当我读到本书后面"红色药丸"章节的时候，当我发现体验"真幸福"是"安住于真相"这幅大拼图其中一块拼图碎片的时候，我不由得生出要拿到整幅"真相拼图"的决心——去美国取"红色药丸"。

2017年9月2日，我来到位于美国夏洛茨维尔的沙因老师家的时候，他问我："你作为我中国的读者，千里迢迢来到这里是为了什么？"我坚定地说："我是来取'红色药丸'的"，当时他只是一直静静地看着我，我又说了一遍："我是来取'红色药丸'的。"他还是用他深炯的眼神注视着我；当我说了第三遍依旧无果的时候，我略微急切地说："我是来取经的。"沙因老师开口了，他说："'红色药丸'是一个旅程。"

现如今，此书中代表"真相之旅"的"红色药丸"已经来到了中国，并且如作者所述，它正如同影响世界其他国家踏上这段旅程的人们一样，帮助更多中国的伙伴享受"真幸福"的同时活出我们真正的友好生活方式。近几年来，我和众多中国伙伴开始体验到了沙因老师给我们带来的这份人生终极大礼，为此，沙因读书会也雨后春笋般地应运而生。我衷心地祝愿阅读本书的读者朋友们都能体验到"真幸福"，并且持续地自然而然地安住于生命的真相，收获这份珍贵且独特的人生礼物。

张晋齐

沙因读书会创始人

沙因老师中国唯一授权讲师

2023 年 3 月 14 日

再版序

既然你看到了我的这些文字，那么我知道你正面临着某些不幸福、负面状态或所谓的"心理健康问题"。

或许，这种状况已经持续很长一段时间了。

或者你关心的人一直面临着不幸福、负面状态或心理健康问题。

这个世界上每天都在发生一些事，加重每个人的负面状态、不幸福和心理健康问题。

我不认为世界会很快改变。

而且对此你我都无能为力。

你能做的，或者说，这本书能帮你的，是"改变你的内在感受"。也就是当你经历那些不可避免的疯狂、混乱、不确定性、曲折、折腾以及追求目标时的意外阻碍之时，改变你的内在感受。

这本书是为了帮助你体验我口中的"真正的幸福"——时刻体验，每天如此，无论你的生活中或这个世界上正在发生什么。

当我说负面状态、不幸福或心理健康问题时，我指的是人们通常所说的：

- 焦虑

- 压力

- 沮丧

- 愤怒

- 抑郁

- 悲伤

- 恐惧

- 或你独有的其他词语

为了简明扼要地概括，我将上述负性情绪（或你独有的词语）统称为"不幸福"。

我相信你已经尝试过多种方法来处理或消除你的不幸福。

如果你像我以前一样——花了大量的时间、金钱和精力去尝试这样那样的方法，试图让自己变得更幸福，比如说：

- 读书
- 看视频
- 上各种课
- 各种疗法
- 冥想
- 各种呼吸技巧
- 各种疗愈
- 教练技术
- 中医药
- NLP简快心理疗法
- 敲击疗法（轻疗愈）
- EMDR眼动心身重建法

或者你还尝试了其他方法。

这么多的方法。但对你而言，要么没有效果，要么没有持续的效果。

如果这不是你的故事，你就不会读到这本书了。

不幸福往往会滋生更多的不幸福，直到你意识到自己陷入了我称为"不幸福螺旋"的状态中——你的不幸福越来越强烈，越来越强烈，也越来越糟糕。

在不幸福状态下，除了感觉糟糕之外（当然，这已然够糟糕了），你还经常犯错误。

你经常做出错误的决定。

你经常会因为所言、所行，给人际关系带来一些严重问题。

在"螺旋式的不幸福"状态下，无论你在个人生活中还是职业生活中，你都没有表现出最佳状态。

你或许被入睡困难和早醒困扰。

你最终可能会离群索居，承受孤独。

为了感觉好受些，很多人（也许就包括你）会铤而走险。比如：

- 酗酒
- 暴食
- 花大量的钱买买买
- 工作狂
- 运动狂
- 或其他你独有的行为

但这些都不能解决"不幸福问题"。

事实上,大多数时候,这些方法最终会让情况变得更加糟糕。

如果你想永久地终结不幸福以及所有形式的内耗、挣扎和痛苦,你必须使用新的方法。

你将在这本书中发现这样的方法。

正如你将在接下来的几页中看到的那样,我说的这些,都是基于自己深刻的切身体验。

我之所以出现在你的生命中,是因为我曾经是世界上最不幸福的人之一。

我深入研究了幸福的主要工具、技术和解决方案。

你随便说一个,我可能都尝试过。

但对我都没什么效果。

无论我赚了多少钱,无论我在商业上取得了多大的成功,无论我买了多少东西、拥有了多少奢侈品,我却越来越不幸福。

我总是感受到压力、愤怒、疲惫、困惑,无法享受我的成就。我要么一个人,要么处于痛苦的亲密关系中。

　　我的痛苦和挫折感持续增加，直到因为绝望而放弃了获得幸福的流行解决方案，转而寻找新的方案。

　　我想知道我之所以不幸福，最深层的原因是什么。

　　我想知道如何从源头上永久消除它。

　　在寻找了 25 年之后，我终于找到了这个原因。

　　这个原因，我从未在任何书籍、课程、工作坊、疗法或教练技术中见过。

　　我发现了一种永久消除它的方法。

　　这个方法，我也从未在任何书籍、课程、工作坊、疗法或教练技术中见过。

　　你们应该知道，我不是医生、心理学家或精神病学家。

　　我的发现不是来自书籍、老师、学校或专家。

　　发生在我身上的一些事，永久地改变了我。

　　我开启了一次奇妙的旅程，有了一些深刻的个人体验。这改变了我，并永久地治愈了我的不幸福。

　　这样的事情也可以发生在"你"身上，也可以改变"你"，也可以治愈"你"的不幸福。

　　在本书中，我会向你展示这些事情。

当你阅读本书时，我对你的要求，跟我当初探索"深刻的大真相"时对我的要求一样。

1. 不管你从我这儿看到什么、听到什么，我都要求你对自己绝对诚实，甚至诚实到残忍的地步，而不是把"从我这儿得到的"跟那些"你认为自己知道的或专业人士教你的"盲目地联系到一起。

2. 保持开放型心态。

另外，还有一点也非常重要：对我说的任何话，都不要太上心。

我将向你展示如何验证我说的话是否真实、准确——用你直接的、亲身的体验去验证。

最重要的是，要治愈你的不幸福，你必须更加深入地了解生命运作的"大真相"，而不是盲目地买入别人教给你的那些谎言、幻象和故事。

这本书将带你更加深入地了解大真相！

我所说的治愈，不会涉及使用某些工具、技术，做某些重复练习，也不涉及任何形式的冥想或疗愈。

为了治愈你的不幸福，你必须超越各种工具、技术、练习和疗愈。

你必须超越思考、理念、概念、分析和理解，去获得切实的体验！

你最深层的内在必须发生一次转变，这样真正的幸福（我稍后会在书里阐明什么是真正的幸福）才会成为你自动发生的、自然而然的体验。

不需要任何努力。

要实现内心的巨大改变，你必须展开一段旅程。

在这段旅程中，你必须拥有一个向导。

而不能独自前行。

在这段旅程中，你必须拥有一系列经过特殊设计的体验。

你的深层次的内在体验，会消除不幸福的源头。

我发现了一种方法，可以成为这段必要旅程的向导。

这本书会让你踏上这段旅程。

同样重要的是，你要明白，你接下来是可以切实体验到真正的幸福的。

我并不特殊。不仅我体验到了真正的幸福。全世界数以万计的人，包括数千中国人，因为加入这段旅程，已经永久治愈了他们的不幸福。你接下来也将如此。

帮助人们治愈不幸福是我人生使命的重要组成部分，我相信我生来就是要做这件事的。

这就是我成为导师的原因。

这就是我写这本书的原因。

这就是为什么我也做线下活动的原因。

中国人在我心里有着特殊的位置，我将尽我所能帮助你们。这就是为什么我每年都会去中国好几次，为什么我会提供线下体验，亲自与他们建立连接的原因。

在我看来，不幸福是生活中最大的问题。

你可能会说，现在你生活中的最大问题是金钱或者生意、工作、人际关系、健康之类的。

但事实并非如此，你会通过本书领悟到这一点。

生活中最大的问题是，当所有上述这些方面出问题时，你的"感受"如何！

因此，当你跟随本书去解决你的"不幸福问题"时，会在你的水池扔下一颗石子，然后水波会辐射出去，影响到你生活中的所有方面，哪怕是生活中最不起眼的方面。

"没有不幸福地活着"是一种奇妙的体验！

欢迎你来到这里。在这里，你将以新的方式看待情绪，你将以新的方式体验情绪，你将踏上一条新的旅途，到达"持续不断地体验真正的幸福"——无论你的生活中、这个世界上正在发生什么。

我很高兴你找到了这里，现在你拥有了一个巨大的机会。

所以，接下来，请翻开下一页，开始你的"真幸福之旅"吧！

罗伯特·沙因费尔德

弗吉尼亚州，夏洛茨维尔市，美国

目 录

前言

呃，这么说……

你想要幸福。

"真正的"幸福（Truly Happy，以下简称"真幸福"）。

一直幸福着。

无论你遇到什么。

嘿嘿……

在以前，这也是我一直想要的。

当时，我不达目的死不罢休。后来我突破了瓶颈，因此才得以在此跟大家分享我的发现。

言归正传。

要想一直处在真幸福的状态，得解决几个大问题（the Big Problems）。

接下来的几章会详细探讨这几个大问题及其解决方法。现在先来个简述，让大伙儿的脑子转动起来。

1.幸福是什么？

人人都想得到幸福或更幸福，但鲜有人能定义到底什么是"幸福"。如果你连幸福是什么、在哪里都不知道，怎么能把幸福追到手呢？

2.幸福有多重要？

每个人都确信自己想要幸福，但几乎没有人意识到幸福对自己来说到底有多重要，也没有意识到我们每天所做的一切都与追求幸福有关。

3.怎样才能持续地体验真幸福？

就算你对幸福的定义有自己的看法，你也没有实际可行的道路把自己领入真幸福的状态（市面上充斥着太多的错误宣传和言论）。

4.怎样避开路上的陷阱？

就算你知道幸福是什么、在哪里（虽然可能性很小），而且有人为你指出通往幸福的正确道路（虽然可能性更小了），但这是一条充满陷阱、荆棘的路。所以你还必须知道这些陷阱、荆棘是什么、在哪里、怎样规避，以及万一中招该如何脱困。

5.这样那样的技巧为什么不管用？

市面上有太多的书籍、音频、视频、课程、活动、工作坊，提供了数不胜数的技术、策略和处方，传授人们幸福之道。如果我们对自己诚实到残忍的地步，会发现它们最终只会将我们带进死胡同。你总是无法得到自己想要的，总是会遇到一个又一个死胡同，除非你找到失败的原因，掉头走上一条真正正确的路。

6.这样那样的疗法为什么行不通？

这个世界充斥着各种疗法、治疗模式、康复模式，充斥着各色的、宣称有能力让你变得幸福或更幸福的治疗师。再一次，如果我们对自己诚实到残忍的地步，会发现这些都无法将我们领入真幸福。除非你知道它们为什么无效，否则你无法开启真幸福的大门。

【重点】我无意挑剔或评判那些产品、服务、作者、老师、专家或治疗师。如果你调查一下相关受众，会发现我所言不虚。

要知道，在进入真幸福之前，我在"不幸福"方面可是一位经验丰富的"世界级专家"。

除此之外，我还是"愤怒"专家。

"泄气"专家。

"沮丧"专家。

"受伤感"专家。

"受害感"专家。

为了让自己好受一些，我几乎尝遍了世间的各种方法——上至那些最流行的疗法，下至最隐秘的"乌-乌疗法"（WooWoo Solutions）。

可追寻的成果如同婴儿学步——也就是说，间或有那么一会儿，我可以说自己感觉"好些了"，或者"不舒服的感觉略微改变或转化了一些"，又或者"不舒服的感觉暂时消失了"。

但最终，幸福仍躲闪不定、难以捉摸。

到我46岁的时候，我取得了重大突破。这个突破让我**看见了真相**，看见了什么是**真幸福**、什么不是，**看见了为什么那么多尝试最终都以失败收场**，**看见了如何持续地体验真幸福**。

是 34 年的不凡历程成就了这项突破。

相关历程和突破我已经在前两本书中分享了——登上了《纽约时报》畅销书榜的《你值得过更好的生活》和《你值得过更好的生活 2》。

如果你不熟悉这两本书的内容，很容易被它们的名字糊弄①。

表面上，这两本书是关于金钱或赚钱的，实际则是关于**真相**、意识、灵性以及从更究竟的角度解决生命中的几大难题的。"金钱"和"商业"只不过是进入"究竟之境"的方便法门罢了。

如果你是位"**真相**的追寻者"，会发现《你值得过更好的生活》和《你值得过更好的生活 2》是两本迷人的、实用的、令你大开眼界的书。然而，这本书自成一体，你无须看过之前两本就可以从这本书中获得最大的益处。

除了**真相**，我不打算在我的个人生平或资历上着墨太多，也不打算解释为什么你需要关注我所分享的东西。

实际上，"我是谁""我做过什么"对于"你活在**真幸福**中"并不是那么重要。

【重点】唯一重要的是，你在阅读过程中及阅读后实实在在地**体验**到了什么。

我会告诉你如何验证我所分享的一切。没错，全都经得起验证！不管一开始看起来有多疯狂、多激进、多有悖直觉、多陌生、多奇怪或多不正确。

你将通过亲眼**看见**、亲身实践、切实**体验**证明我所言的真实性和准确性。

就像我和绝大多数分享我的洞见的人一样，你会被自己所**体验**到的情感和幸福所震撼。

就像我和绝大多数分享我的洞见的人一样，你会被"我所道破的东西一直就藏在我们的眼皮子底下"这一事实所震撼。

另外，这本书讲的不是某种思想、概念、理论或哲学。因为我所分享的一切都能被切实**体验**到。

关键是你得亲自去看。只要按照我所说的去做，你就一定会真正地**看见**。

我所说的"**看见**"是什么意思？

意思就是，从**真相**的角度亲自见证，远远超越了肉眼的看见或明白某些道理。

这一点稍后再补充。

要是仅仅从理论、思想、概念的层面来理解此书，不管是接受还是排斥，你都会错失一个一生难得的"良机"。

从某种角度看，此书的书写方式是线性的、有序的，每一章都是后一章的基础，每一章都是不可打乱顺序的一块拼图。这些拼图会逐渐将你们领入全景图中。

我无法控制你的行为，但我可以把我的音量调到最大、嵌入书中。我强烈建议大家按照既定的顺序，从头读到尾，慢慢地、仔细地阅读，不要翻到哪儿读哪儿，不要跳过某一段不读，也不要一口气读完。

真幸福太重要了，重要到不能没有耐心、不能匆匆忙忙，也不能随意对待。

从另一个角度看，此书的书写方式是"非线性"的。

我的意思是，我所谓的"良机"是"把谎言、幻象、伪真相换成**真相**"。

谎言、幻象和伪真相有着催眠般的信服力。这背后有很大的力量或惯性在起作用。我必须让你有能力抵御催眠、战胜惯性才能进入**真相**，就好比火箭必须战胜地心引力才能冲进太空。

我必须支持你**看见**到底什么才是**真幸福**。

我必须支持你跨出一大步，跨到全新的"地点"（姑且这么叫吧）。

要成功帮助你，我必须炸掉你的头脑（字面上的），烧掉你的电路板，爆破谎言、幻象和一直以来所教导的、被你信以为真的"故事"。

因此，当你在读后续章节（尤其是前五章）时，你可能会感觉进入了《迷离境界》②或其他科幻电影。

时下流行一句话——"到盒子外去思考"。意思是"用创造性、革新性的思维思考问题"。而我喜欢把你即将开启的"发现之旅"称为"炸碎盒子"。

为什么呢？

因为我将要教授的东西不同于一般意义上的"情感""幸福"，甚至不同于那些最具创造性、革新性的观点。

你可能会在阅读过程中感到不知所措、疑惑不解、怀疑或者不舒服。

你可能觉察到自己的思想会屡屡对抗、否定或抗拒我所说的。

你甚至可能发现自己对我抱有激愤的评判或愤恨，原因不一而足。

所有这些情况都在我的预料之内。

要是你对自己、他人、世界的看法不改变，要是你所依赖的信仰、思想和策略不被颠覆，你就无法体验到**真幸福**。

还有，就像我们都知道的……

彻底的改变可能是个极大的挑战！

不管我说的"那里"看起来有多远，我们共同开启的旅程以及目的地都是非常真实的——你能够到达"那里"的。

在开启这段旅程前，我有一段自白。

当我一开始**看见**、**体验**到我在此书中谈论的**真幸福**时，我发现自己**看见**的、**体验**到的，跟所有专家所说的关于情绪和幸福的观点都截然相反。

这对我来说非常奇怪，特别是因为其中很多专家都是德高望重的大师。

那个时期有两个问题让我不得安宁：

1.好像我**看见**的、**体验**到的，别人都没有看见或体验到，这怎么可能？为什么？

2.怎么可能我一人独醒、众人皆醉？而且……我还是对的？

所以，好多次我都怀疑自己疯了。可是，我就是无法否定我所**看见**的、**体验**到的。

它们是如此清明。

感觉它们是那么"正确"。

随着时间的推移，我发觉那些我所**看见**的、**体验**的越来越清晰了，就好像镜头在调整焦距，原本模糊的画面变得越来越清晰了。

后来，我发现别人也和我一样**体验**到了**真幸福**，直到那时我的怀疑和恐惧才消除。我开始安在于我所知晓的真相中。

正如你所看到的，我在此书中会使用一些粗体字。因为有太多不真而我们却信以为真的谎言、幻象、故事和错误见解。我这么做是为了凸显"伪真相"与"**真相**"之间的巨大差异。

如果你读过我的其他书，会发现此书的篇幅短了很多。

原因很简单。一本书所需的字数和页数，只要能完成任务就够了。不需要虚头巴脑的东西，不需要未经检验的、未成熟的观点，也不需要主题之外的细节。

要完成此书的"任务"，需要的文字并不多。

在我看来，此书最主要的价值就是协助你发现并切实、持续地**体验真幸福**，无论你遇到什么。

因此，我允许我的"内在叛徒"表达他自己，而你也将看到我打破很多关于写作、语法、句法和文风的规则。你会看到我的写作风格是对话式的。我希望你可以切实感觉到我们像在进行一次私人对话，就我们俩。

这是一本关于"无论你遇到什么，你都能每时每刻**体验真幸福**"的书，而无关规则、准则、语法、段落或句法。

最后，在继续之前，我想再次声明：

1.这本书里，没有理论。

2.对于"无论你遇到什么，你都能每时每刻**体验真幸**

福"，我非常严肃。

我已经**体验**到、并在持续**体验**我所谈论的一切。

一切。

我举四个最能说明问题的例子（虽然我可以举出几百个）。我一直**体验**着此书所述的**真幸福**，即使在如下过程中：

⊙我经历了两年的墨菲定律[③]

我生活中的各个层面（除了我跟孩子们的关系），可能会出差错的，最终都出了差错。

⊙财务危机

现金流转枯竭，花销突增，没办法支付账单，堆了好几万美元债务，也不知道能不能扭转状况，或是破产（我还有妻子和两个孩子要养）。

⊙婚姻危机

跟我太太分居，情况很复杂。最终以离婚收场。

⊙健康危机

我的左眼在做白内障手术的过程中，由于医生操作失误，对眼角膜造成了不可逆的损伤，导致我看东西的时候视野中有一个模糊点。

我的人生就像一个"实验室",专门用来实验那些我所教导的、分享的、辅导他人的讯息。

我可以确定,墨菲定律、财务危机、婚姻危机和健康危机之所以会出现,并且之所以在那个时候出现,都是为了验证我所分享的**真相**。

我也相信,这就是后来墨菲定律、各种危机自然消失的原因。一旦目的达成,它们就轻易而迅速地消失了。

世界上还有数以千计的人在发现了你即将发现的东西之后,也开始了**真幸福**之旅,时刻**体验着真幸福**,即使此时此刻他们也经历着你眼中所谓的不好、糟糕、可怕、悲惨、倒霉、墨菲定律、失败,等等。

【**重点**】我在此书中分享的一切都是真实的、可能的、可行的、你可以做到的!

如果你已经准备好开始摇滚、探索闻所未闻的幸福秘密、让你的头脑经历一次真风暴、飞越疯人院、持续地**体验真幸福**,那么请翻开下一页,开始你的旅程。

【译注】

①两本书直译名分别为：《从金钱游戏中解脱》《从赚钱游戏中解脱》。

②《迷离境界》（The Twilight Zone）是一部玄幻类美剧，又译作《阴阳魔界》。

③墨菲定律（Murphy's Law）是美国的一名工程师爱德华·墨菲做出的著名论断，亦称莫非定律、莫非定理或摩菲定理，是西方世界常用的俚语。墨菲定律的主要内容是：1.会出错的总会出错；2.任何事情都没有表面上看起来那么简单；3.所有事情都比你预计的时间长；4.如果你担心某件事情会发生，那么它就更可能发生。

第1章

你所有行为背后的
真正动机

我们一直沿着一条无法通往真幸福的路追寻下去，追寻那个不可能的结果——除非某一天真相将我们解放出来！

设想一下，你遇到了困在瓶中的魔法仙子，把她救了出来。

她说："我会满足你三个愿望，但有一个条件——你必须非常确切地告诉我你的理由。"

如果你明天就会遇到魔法仙子，你想实现的愿望是什么？你给出的原因是什么？

因为你们无法通过此书回答我，所以我来模拟一段仙子与一个叫安妮的女子的对话（暂且这么称呼吧）。请设想一下你会如何与仙子对话。

为了阐明一个重点，我会运用一些自由创意。

仙子："你的第一个愿望是什么？"

安妮："我想要一亿美元现金。"

仙子："你为什么想要一亿美元现金？"

安妮："这样我就可以辞掉工作、周游世界、选择自己喜欢的生活方式。"

仙子："你为什么想辞掉工作、周游世界、选择自己喜欢的生活方式？"

安妮："我不明白你的意思。"

仙子："你为什么想要那些？"

安妮："我想要那种自由。"

仙子："你为什么想要那种自由？"

安妮："我不明白你在问什么……"

仙子："那换个问法吧——如果你有了你所说的那种自由，你认为它能为你带来什么？"

安妮："我会很快乐。"

仙子："哦，我明白了，如此说来你真正想要的是快乐，而你认为一亿美元能让你快乐，对吗？"

安妮："没错。"

接下来我们再来看看另一个例子。

仙子："你的第二个愿望是什么？"

安妮："我想减掉35磅，然后一直保持在那个体重，让我看起来健康、匀称、充满魅力，不管我吃什么，也不管我是否运动。"

仙子："你为什么想减掉35磅并看起来健康、匀称、充满魅力？"

安妮："那样我会很性感。"

仙子："你为什么想要自己性感？"

安妮："那样我照镜子的时候才会拥有自信，才对男人有吸引力。"

仙子："你为什么想拥有自信、对男人有吸引力？"

安妮："因为我不喜欢镜子中的自己，而且我能感觉到男人在看我时眼中流露出评头论足的眼神。"

仙子："那拥有自信和吸引力能为你带来什么？"

安妮："快乐。"

仙子："哦，这么说其实你真正想要的并不是减掉35磅、保持身材之类的。你想要的是快乐，而你认为苗条、性感会让你快乐，对吗？"

安妮："我从没有这样思考过，不过你说得没错。"

我跟几千人进行过这种对话，结果都一样：所有人想要的，其实是一种感受。无论他们想要的是什么，归根结底，都是一种感受。

这种感受就是：幸福快乐。

呃……上述例子比较简单。有时候，我需要问更多问题、挖得更深才行。但无一例外，被问的人最终都会说出他们真正想要的是幸福。

我从没有逼迫过对方，也没有跟对方玩什么思维把戏，把人家绕进去。

对方总是自发地、自然地得出这一结论。

你自己也试试吧！看看能不能得出同样的结论。挑几个你现在特别想要的，然后一直追问"为什么"，或者"如果得到了会带来什么"。

这个方法能清楚地发现我们所有行为背后的真实动机。

为什么呢？

你有一长串的愿望清单——各种想改变的、修正的、提高的、创造的或体验的。比如：更多的钱、更好的工作、更多或更好的这样那样的东西、取得或提升亲密关系、更多或更好的性生活、帮助他人、拯救世界、减肥成功……

而且你为了表明自己的真诚，情愿勇闯地狱。不过，你背后真正的诉求是：**幸福快乐的感受**。

上述事实潜藏得很深，很少有人能**看见**。除非像我这样——拿一盏巨大的聚光灯照亮它。

你认为只要得到了愿望清单上的东西，你就会幸福快乐。但如果你仔细研究一下的话，会发现这样一个事实：

你以为只要得到了愿望清单上的东西，自己就会怎样怎样，但事实并非如此。

绝非如此！

这才是实际会发生的：

⊙你得到了愿望清单上的某样东西，但不会因此"停下来品闻玫瑰的香味"，而是很快地把注意力放在了下一样没有的东西上。

⊙好吧，你得到了愿望清单上的某样东西，你停下来、准备享受，但你体会到的却不是快乐，而是一种不曾料想的"空虚感"。

⊙你得到了愿望清单上的某样东西，你感受到了幸福快乐，但随着"现实"的来临，幸福快乐的感觉很快便消散了。

现实是什么？

——愿望清单上还有一大堆你没有的东西。或者由于加进了新的东西，让你觉得已经得到的东西"不过如此"。

这种持续的缺失会让你再次陷入不快乐中。

几乎立刻就陷入了。

当然，也有例外。

如果你得到的是你一直以来都特别想要的，幸福感可能会持续数天或数周，但这种情况很少。

人的欲望就像黑洞，不断索取，却无法被满足。

你知道我在说什么，因为你自己一次又一次地体验过。

一场无休止的追逐。

但是，你依旧沉迷其中，无法自拔。你仍然以为一旦得到了就安逸了，因而总是会忘掉或忽略以上事实。

我们都一样。

我们一直沿着一条无法通往**真幸福**的路追寻下去，追寻那个不可能的结果——除非某一天真相将我们解放出来！

这种追逐好比一只狗追逐一只速度超快的机器兔子，

无论那只狗如何努力，无论多渴望追到手，无论多强壮、跑得多快，也无论狗粮多丰盛、狗窝多豪华，都追不到。

因为这是事先的设计使然。

这种追逐又像是仓鼠在转轮中一直奔跑，却从来没有离开过原地。

幸福就好比是那只机器兔子，你一直都在追逐，却始终遥遥相望。

你的愿望清单就好比是你的"转轮"。

除非你停止追逐，离开转轮，否则情况不会有任何改变。

我会让此书来教你如何一步步达成。

接下来，我将向你的心智之池抛出一个问题，激起些许涟漪。

如果你真正想要的是幸福快乐，而且你也得到了——一直都幸福快乐着，无论你遇到什么，那么请想一想，那样的话，你的生活和你的愿望清单会发生什么样的变化？

会变化，对吧？

会变得怎样呢？

一、你的愿望清单会缩短，明显缩短！

二、清单上会添上与以前大相径庭的东西。

三、你不必再陷入无法自拔的追逐之中，事物自然会为你认真地显化出来。

持续如此。

这一点以后再补充。

另外，你所有愿望背后的动机不只是幸福快乐。

还有更多的东西，

还有更深刻的东西。

这么来解释。

你要做一些日常事务，从周一到周五，从上午9点到下午6点，例如做父母、学生、志愿者该做的事务，等等。你为你的日常事务花了大把时间。然而你也花了大把时间在日常事务之外的事情上，例如看电影、追剧、看综艺节目、读小说、看比赛、运动、画画，等等。

我们习惯将这些称作某种兴趣或爱好。

我将其称作"玩耍、探索及创造性地表达自己"。

当然，可能你在日常工作之外所做的事情不是这些。

接下来要说的内容比较有意思，而且可能没有人意识到过。

为了阐释之便，我只举读小说、看电影和看体育赛事三个例子。

因为不管什么爱好，在玩耍、探索以及创造性地表达自己的层面上都是共通的。

如果你喜欢读小说，你为什么喜欢？

它给你带来了什么？

如果你喜欢看电影，你为什么喜欢？

它给你带来了什么？

如果你喜欢观看体育赛事，你又为什么喜欢？

它又给你带来了什么？

如果你花点时间去审视一下，会发现读小说、看电影、看比赛只关乎"内在体验"。

在阅读一本伟大的小说时，尽管可能每页都精彩纷呈，里面的故事、人物让你沉迷，然而这些都不是你真正在乎的。

你真正在乎的是你在看小说的过程中体验到的感受。

在观看一部精彩的大片时，尽管可能每分钟都不容错过，充满了让人血脉偾张的剧情、炫目的特效，然而这些都不是你真正在乎的。

你真正在乎的是你在看电影的过程中体验到的感受。

当体育赛事进入了高潮，例如橄榄球比赛中的四分卫传球、跑位疯狂冲刺，足球比赛中的射门得分，网球比赛中的正拍、反手接球、缓攻得分以及高尔夫球比赛中漂亮的发球和轻击……这些都不是你真正在乎的。

你真正在乎的是它们发生时你体验到的感受。

你在小说中、荧幕上、比赛场上所看到的事物只是"开关"或"扳机"。是它们的触发让你体验到了特定的感受。

这一切只关乎"感受"！

各种各样的感受。

一旦拿走这些感受，一切为了玩耍、探索、创造性地表达自己而存在的事物——读小说、看电影、看比赛等，都没有了乐趣。

所以，①你长长的愿望清单"背面"写的是：我要幸福快乐地感受！

　　所以，②所有为了玩耍、探索及创造性表达自己的行为都是为了体验各种各样的感受。

　　在接下来的阅读过程中，记得随时拿这两点提醒自己。

第 2 章

大问题

"幸福"是人类体验中最难以捉摸的部分。

与幸福有关的大问题包括六个部分。

大问题的第一部分：

你想要幸福快乐，却经常没有或完全没有感受到幸福快乐。

大问题的第二部分：

你试过各种各样的方法让自己变得幸福快乐。

你可能正试图改变你的外部环境——我将其称为"剧情空间"。

在剧情空间里，存在着各种各样的人、事、物，包括你的肉身。你可能正通过改变剧情空间追求幸福快乐，例如：

换这样那样的工作或自己当老板。

改善人际关系。

改善饮食、加强锻炼。

搬进新家。

买衣服、换车。

赚更多钱。

达成这样那样的"目标"。

你也可能正试图改变你的内部环境——你的内在。我将其称为"内在空间"。

顾名思义，"内在空间"就是存在于内的、看不见摸不着的空间。它非常浩瀚，你的思想、情感、感受和身体感觉都属于这个空间。

你还可能通过各种各样的疗法——各种物理的、情绪的、能量的或精神的疗法，去改变内在空间的状况，以期获得幸福。

或者，你正运用这样或那样的技术，试图删改或重塑自己的内在。

还有一种情况就是，以上所说的这些对你都不管用，不然你也不会找到这儿来。你的情形和我在发现下文所讨论的"大突破"之前的情形是一样的。

【重点】"幸福"是人类体验中最难以捉摸的部分。

大问题的第三部分：

虽然有时候你切实感受到了幸福，却总是无法持续地体验。从没有人能够给你一个让幸福常驻的法子。

大问题的第四部分：

或许你时不时地体验到幸福快乐，可那些体验往往只是**真幸福**的"仿品"。

你可能没有意识到这个问题，不过一旦你穿过此书为你提供的大门，你就会明白我的意思并得到**真幸福**的"正品"。

大问题的第五部分：

你觉得好像其他所有人都比你幸福，而且因此显得你更不幸福了。

然而，正如俗话所说，光鲜的外表下可能隐藏着残忍的事实。

事实确实如此，大多数表面看起来幸福快乐的人并非真的幸福快乐。因为人们倾向于有意无意地戴上伪装的面具。不愿表现出真实的一面。

或者像刚刚提到的那样——哪怕是表里如一的快乐，这种快乐也只是**真幸福**的"仿品"，苍白无力。

大问题的第六部分（也是最大的部分）：

到底什么是"幸福"？

如果你对自己诚实到残忍的地步，会发现自己真的不知道。

"幸福"的定义一般都是模糊不清的、不准确的。

这个问题看似不难，但事实上我们并不十分清楚。

为什么呢？

因为你从来没有认真思考过"幸福到底是什么"。

如果你连目标是什么都不知道，怎么可能击中呢？

接下来的一章会认真探讨这个问题。我估计，对于你即将看见的，你会很惊讶，甚至震惊。

是时候检视一下那些广为接受的关于情感与幸福的观念以及获得幸福的方法了。

一旦检视完成，就可以讨论大问题的解决办法了。

翻页，继续你的旅程。

第3章

谎言、幻象和故事

真幸福之路的真实样貌，不同于一直以来我们被灌输并信以为真的样子。

你之所以没有处在**真幸福**中，主要是因为你把一系列的谎言、幻象和故事当成真相了。

让我们马上来检视一下这些谎言、幻象和故事。

在"幸福"这一议题上，有很多专家。包括：

——精神科医生

——心理学家

——相关的作家和讲师

——生活导师和医师

——疗愈师

——以及其他所有声称有能力让你变得幸福快乐的人。

虽然他们使用的语言不同，但他们提供的信息都明确表示或隐含了7个核心**假设**：

1.有正面的情绪，例如幸福、宁静、欢快、兴奋。

2.有负面的情绪，例如悲伤、愤怒、恐惧、忧虑、沮丧、抑郁。

3.正面情绪是好的、令人愉悦的，我们想体验它们。

4.负面情绪是不好的、痛苦的，我们不想体验它们。

5.我们跟负面情绪处在"交战"状态。

6.所以，我们必须采取行动，试图控制或减少、压抑、重构、忽视、释放、溶解、摧毁、转化、疗愈、消除负面情绪。

7.如果上述行动成功了，我们就会赢得战争、变得快乐。

我刚刚用的"假设"二字是有下划线、加粗的。

为什么？

因为对于以上7点，大多数人都会说："这还用说吗？肯定是真的啊！"

但它们不是的！

它们是极具欺骗性的谎言、幻象和故事，全都是！

它们是头脑精心制造出来的思维游戏或"心智障眼法"。

这才是真相：

1.不存在所谓的正面情绪（故事中除外）。

2.不存在所谓的负面情绪（故事中除外）。

3.情绪无所谓好或坏、舒服或痛苦、有益或有害（故事中除外）。

4.情绪就是情绪，如此而已。

5.跟你的情绪开战是不必要的。

6.所有情绪都可以以"本来如是"的样子被接纳和欢迎。

7.不必为保留某些情绪而控制或减少、压抑、重构、忽视、释放、溶解、摧毁、转化、疗愈、消除其他情绪。

【重点】真幸福之路的真实样貌，不同于一直以来我们被灌输并信以为真的样子。

这是一个重大而勇敢的宣言，对吧？

当然。

但我不期望你相信它。真的不期望。

我打算掀开幕布，向你展示这思维游戏是怎么个玩法、心智障眼法是怎么个变法，让你直观地验证我所说的一切。

我将帮助你去伪存真，消除谎言、幻象和故事，体验如一的**真相**。

某些专家在讲完上述7点后，会给你提供一些"以身体为中心"的技术或建议，比如放松技术、生物反馈技术、静心、瑜伽、锻炼和深呼吸，等等。

某些专家会和你谈论化学药品或一些脑科学领域的东西，并告诉你相关药物会改变人体的生物化学环境，那样你就会好受些。这方面的书籍也有很多。

此书的目的使然，我对与大脑相关的故事没兴趣。

我感兴趣的是：①你本人所能切实体验到的那些东西；②你的感受和体验能否随着**真相**的发现而改变。

还有一些专家的建议偏向于精神层面，例如：

⊙专注于当下一刻（认为"问题只有当你专注于过去或未来的时候才会出现"）；

⊙对万物众生（包括自己）心存悲悯之心，这样你就会快乐；

⊙意识到我们是一体的；

⊙练习"觉察"；

⊙感恩；

⊙驻足品闻生命旅程中的玫瑰；

⊙释放对结果的执着；

⊙不假评判地接受一切的发生；

⊙把出现在心智（即我所谓的"内在空间"）中的图像、颜色及其他事物视觉化。

……

我年轻那会儿，这些形形色色的建议真的快把我搞疯了、惹火了。

为什么？

因为我无法在其中瞥见**真相**。

要么他们不告诉我具体怎么操作，要么就是效果不好。

你曾有类似的经历吗？

最终，专家们为了让你更快乐设计提供了一系列疗愈技术。这些技术通常包括能量疗法、按特定方式转动眼球、催眠、前世回溯，等等。

我说的这些技术、疗法和建议都可能让你好受些，相关书籍上也有大量的推荐序言、成功案例。

相关专家也普遍有着开放的意识和真挚的度人之心。

然而，此书的目的使然，我们需要**看见**这些方法为什么不能带来**真幸福**。

为什么不能？

因为他们提出的东西是建立在"负面情绪是真实的、有害的，我们得摆脱它们"的基础上。

而这……

压根儿就不是**真相**。

为了阐明一个重点，我必须得下狠手了。

不过在开始之前，我想要声明：我对上述专家及其观点绝无刻意评判或指责之意。我将要分享的东西不是针对任何人、任何观点的攻击或批判。

我只是简单地将**真相**照进谎言、幻象和故事。

接下来请问自己如下问题，并以诚实到残忍的态度去看待你的答案。

1.专家们的建议、书籍、工作坊、视频教程、音频、工具、技术和疗法真的让这个世界有了更多的快乐吗？

诚实到残忍的答案是：

没有！

2.你做了与追寻幸福相关的事情后，真的变得幸福了吗？

诚实到残忍的答案是：

没有!

3.如果你可以说"我比从前幸福",你真的那么幸福吗?

诚实到残忍的答案是:

没有!

如果这三个问题中有任何一个的答案是肯定的,那么在读完此书之后,你很可能会意识到,其实你的真实答案是否定的。

在此我需要告诉你,世界没有出现更多的快乐,你没有更快乐,也不会进入**真幸福**中,除非你做出一个巨大的改变。

我是说,巨大的改变!

此书会告诉你如何做出这一改变。

以下这些是一些未经检视的美好幻想。不管我们有没有觉察,这些就是专家分享的、我们所坚信的:

1.负面情绪会消失;

2.正面情绪会剩下;

3.如果只体验正面情绪,就会体验到幸福快乐(或极乐、狂喜、涅槃等）。

我不得不告诉你，这些美好幻想永远、永远、永远不会成为现实。

此书会告诉你原因，并指出怎样才能超越幻想、持续体验**真幸福**，无论你遇到什么。

"什么是**真幸福**？"

这一直都是一个"大谜团"。不过在下一章，这个谜团将被解开。

翻页，继续你的旅程。

第 4 章

大谜团

真幸福体验的不是有限的情绪，而是全范围的能量运动方式和频率。

你一直体验着情绪。

每天如此。

时刻如此。

如果你检视一下的话，会发现某些情绪令你享受、某些令你忍受。

每天如此。

时刻如此。

情绪占了人类体验的很大一部分。

我在第一章阐释过：追求"幸福快乐"是你一切行为背后的真正动机。

"感受"是"一切为了玩耍、探索和创造性地表达自己的行为"背后的真正动机。

但是，何谓"感受"？

何谓"幸福"？

事实上，这一直以来都是一个"大谜团"。

顺便一提，在此书中，"情绪"（emotion）和"感受"（feeling）是同义词。我会在不同的语境中选择更顺口的一个。

情绪、幸福对于我们来说太重要了，但绝大多数人（包括头46年的我自己）从未花时间检视它们到底是什么，这不禁让人唏嘘感叹。

貌似我们已经习以为常了，觉得没有理由或需求去检视它们。

但有一个理由……有一个需求……

那就是——你想要真正的幸福。

我们现在就来检视一下。

首先看看"情绪（感受）是什么"，再谈"幸福是什么"。

在阅读这一章和下一章的过程中，你可能会感到这些内容太复杂、专业性太强。

当然，你也可能不觉得复杂。

但如果你感觉不够清晰，请多付出一些时间和努力（即使必须重读好几次），我敢肯定不清楚的一定会变得清晰明了。

彻底弄清楚这些讯息，是体验**真幸福**的基础。

【重点】这里所强调的内容都是建立在切实的体验上的，而不是某种思想、理念或理论。

如果你闭上眼睛，内观我所说的内在空间，你会看到什么?

你会看到一个广袤的空间，没有开始、没有结束、没有边界。

内在空间好像存在所谓前后、上下、左右，但它已经广阔到让这些方位没有意义了。

内在空间始终在那儿，始终不变。

不移动，只是在那儿。

如如不动。

从这个角度讲，内在空间可以比作电影院的银幕。人物、场景、事件、画面、色彩在银幕上来来去去，但银幕一直在那儿，静止不动。银幕不等于银幕上的人物、场景、事件、图像和色彩。

同理，内在空间中也有三种现象或运动:

1.思想

2.情绪

3.身体知觉

此书的目的使然，你需要问自己：何谓"情绪"？

事实上，我们不可能精确地定义。但如果你仔细观察的话，你会发现它是某种出现于内在空间的东西，飘忽不定……似乎在运动……似乎在振动……

为便于讨论，暂且将这种运动的、震动的东西称为能量（energy）。

因此，出于此书的目的，也为简洁起见，我把"情绪"定义为"内在空间中的能量运动"。

有时，能量运动缓慢。

有时，能量运动较快。

有时，能量运动很快。

而有些时候，能量的运动则相当迅速、猛烈，好像内在空间刮起了"龙卷风"。

然而，细看之下，我们能看见的不只有运动的速度，还有别的。

运动除了在速度上有区别，在特征上也有所不同。

如果我问你"愤怒感受起来是否不同于幸福"、"悲伤感受起来是否不同于兴奋"、"抑郁感受起来是否不同于尴尬"或"爱感受起来是否不同于恨"，你会说"是的，它们感受起来不一样"。

出于目的和简便，我们把情绪的独特各异的特征定义为频率。

到目前为止，我们发现了情绪的三个属性：运动、速度和频率。这三个属性都会在广阔无垠的内在空间中出现。

你可以把内在空间的能量运动比作广播电台，把运动的速度和频率比作音乐。

你打开收音机，调到某一频率就听到了摇滚乐，调到另一频率就听到了流行乐、爵士乐或者新世纪音乐。每种音乐都有其固有特征，可以区分出来。

能量在内在空间中运动时，速度、频率不同，结果就不同：

⊙当别人对你表达某些批判性意见时，能量会按照某种方式运动并调到某个特定频率。

⊙当别人赞美你时，能量又会以某种方式运动并调到某一频率。

⊙当你的车停得好好的却被其他车撞到时，能量又会按另一种方式运动并调到另一频率。

⊙当你的伴侣离开你时，能量的运动方式和频率又会不一样。

我想，你明白了。

接下来，总结一下到目前为止有哪些发现。

你每天、随时都能切实体验到：

1.在这个世界（即剧情空间）中，总发生着什么；

2.对于发生的事件，内在空间中的能量会相应地按照某一方式运动；

3.而且，能量的运动会调至某一频率；

4.出现新的事件时，第2、3个步骤会重复；

5.因此，你体验到了不同的情绪。

虽然有无数种运动方式和频率，但只有有限的词汇去描述。

不过即使如此，这些词汇也已经非常多了。

我的朋友约翰·迪玛丁尼博士告诉过我，他通过检索英文词库，总共找到了近4000个描述情绪的词汇。

接下来，问你一个问题……

当能量以所谓的愤怒、恐惧、沮丧、悲伤、抑郁、兴奋、幸福或宁静的方式和频率运动时，你怎么就知道你感受到的就是愤怒、恐惧、沮丧、悲伤、抑郁、兴奋、幸福或宁静呢？

当你处在童年期时，你也能觉察到内在空间中能量的各种运动及频率，但却不知道相应的词汇。

你不知道何谓愤怒、恐惧、沮丧、悲伤、抑郁、兴奋、幸福或宁静。

那时候，这些对你来说仅仅是"能量的运动及频率"。

像生活中的其他事物一样，你必须通过后天的学习才能将这些"运动及频率"与相关称谓联系起来。

你认为诸如愤怒、恐惧、沮丧、悲伤、抑郁这类情绪是"不好的"。

但问题是……

你是如何知道这些情绪是"不好的"？

当你处在童年期时，你能觉察到内在空间中能量的运动及频率，但却没有参照点去评判这些情绪是"好"

还是"坏"。

对于那时的你来说，这些情绪仅仅只是"能量的运动及频率"，仅此而已。

就跟生活中的其他事物一样，你必须通过后天的学习才能将"频率"定义为"好的"或"坏的"、"愉悦的"或"痛苦的"、"感觉好的"或"感觉差的"。

可能有一些人会不同意，认为婴儿在一定程度上知道某种情绪或知觉是痛苦的，这是为什么他们会哭闹。

在我看来，一个婴儿的内在感受到底是什么样的，我们无从得知。如前所述，我只会根据切实体验到的事实说话，而不是根据推论。

接下来，根据你现在所知道的，回答如下问题：

⊙你说"我很沮丧"，事实上你说的是？

⊙你说"我情绪低落"，事实上你说的是？

⊙你说"我很难过"，事实上你说的是？

⊙你说"我好无聊"，事实上你说的是？

⊙你说"我害怕"，事实上你说的是？

⊙你说"我压力好大"，事实上你说的是？

⊙你说"我好兴奋",事实上你说的是?

⊙你说"我很快乐",事实上你说的是?

以上所有情况,其实你都是在说:

"我觉察到情绪能量正按照我称之为_____的频率和方式在内在空间中运动着。"(空白处为表示情绪的相关词汇)

【重点】人们所谓的"幸福"仅仅是内在空间中的某种能量,这种能量有其特定的运动方式和振动频率。

根据上述信息,请回答……

你说"我想要快乐",实际上你说的是?

……是只想一直感受一种情绪频率?

在某些修习门派、神秘学领域里,这个问题的答案是"是的"。他们将这种情绪称之为极乐、狂喜或者涅槃。

但我得告诉你这个问题的答案是"不是的"。

这是我为什么要阐释情绪对于"读小说、看电影、看比赛以及玩耍、探索和创造性地表达自己"有多重要。

【重点】只体验一种情绪频率，你会无聊的。而且"人类游戏"那么有趣、丰富，这样你就亏大了。

由于你现在在如此多的时候感到如此不快乐，所以你认为"体验始终如一的极乐/狂喜/涅槃是无比美好的事情"。但根据我的实际经验，这不是真的。

"好啦，罗伯特，"你会说，"我听见啦，我也懂你的意思啦，我不会把自己局限在一种频率上，不过……我希望只体验正面情绪。"

我知道这种想法貌似很合理。

貌似很对。

但我必须告诉你的是……

这不是你真正想要的！

你并不想把自己的情绪局限于正面的一面！

【重点】真幸福体验的不是有限的情绪，而是全范围的能量运动方式和频率，不命名，也不评判正负、好坏、舒服或痛苦、感觉好或感觉不好。

这话听起来是不是"有道理、有意思，但不可能"？

那这么说吧……

你已经体验过很多次**真幸福**了，只不过自己没意识到而已。

我只举四个例子（虽然你还能在记忆中找出更多）。

【例1】玩过山车

当你玩过山车或游乐园里的其他高速项目的时候，如果你喜欢那种体验，你会体验到很多情绪。

过山车飞快地穿梭着。

在这种情形下，这种看似恐怖的事情显得非常有趣。你不会叫停情绪，然后思考如何定义这些情绪，你也不会给自己当解说员——这是恐惧，那是肾上腺素，这是兴奋……

同理，除了过山车，还有一些情形你也不会停下来，评判"这种情绪很好，那种不好"。

你只是感受着。

而且你也喜欢"只是感受着"。

那些情绪像过山车一样飞快穿梭着，没有名称、不予描述、不加评判。

所有情绪合成一个和谐的、令人愉快的"整体"。

那就是**真幸福**!

在玩过山车时，你更愿意体验"某一种"情绪呢，还是"某几种"情绪呢?

不，两者都不。

如果玩过山车的体验不刺激的话，估计就没人玩了。

【例2】读一本很棒的小说

当你对一本小说入迷的时候，你能体验到很多情绪。这些情绪就像过山车一样，一页页地穿梭着。

你只是感受着这些情绪，没有名称、不予描述、不加评判。

你只是感受着。

而且你喜欢"只是感受着"。

那就是**真幸福**!

在读小说的过程中，你更愿意体验"某一种"情绪呢，还是"某几种"情绪?

不，两者都不。

如果情绪不曲折的话，你就不会继续读下去。

【例3】看一部精彩的电影

看一部精彩的电影时，随着剧情的展开，你会体验到各种各样的情绪。跟玩过山车和看小说一样，这些情绪会随着剧情的展开而展开。

你只是感受着这些情绪，没有名称、不予描述、不加评判。

你只是感受着。

而且你喜欢"只是感受着"。

那就是真幸福！

在看电影的过程中，你更愿意体验"某一种"情绪呢，还是"某几种"情绪？

不，两者都不。

如果电影所引起的情绪很单调，你就不想再看下去了。

【例4】如果你是"第二阶段"的玩家（这意味着你熟

悉《你值得过更好的生活》中的"第二阶段")。

如果你积极地应用《你值得过更好的生活》中的方法（尤其是被称为"流程"的工具），你会体验到片刻（或更久）的"不愉快"，一种无名的、无法描述或评判的"不愉快"。

那就是真幸福。

如果你已经在第二阶段玩了很长一段时间，那么你可能已经不自觉地体验过好几百次甚至几千次**真幸福**了。

OK，接下来我们回到前几章讲过的一些内容。

想象一下：你正在兴奋地玩过山车，或者你正在痴痴地看一本小说，或者你正被一部精彩的电影紧紧抓住。

接下来，想象你把情绪的运动冻结住了，然后把那些情绪进行分类、命名，然后根据常规定义判断它们是正面的还是负面的。你会发现其中很多情绪都是"负面"的。

然而，那些"负面情绪"会被整合并被感知成一种"正面情绪"。

接下来我问你……

当你正兴奋地玩过山车或痴痴地看一本小说或被一部

精彩电影吸引时，你能否找到一个理由证明"你的体验是有害的、不好的"？

不能。

你能否找到一个理由证明"你的体验会限制个人或灵性成长"？

不能。

这些就是所谓的"心智障眼法"。

"心智障眼法"会把内在空间中的各种能量运动及频率打扮成我们喜欢的"正面"情绪和我们排斥的"负面"情绪。

翻页以继续你的旅程。

第 5 章

心智机器

如果你与此书产生共鸣，你可以有机会、有能力减缓内在空间的活动，从而目睹心智机器的运转过程。

如果情绪不存在正面或负面、愉悦或痛苦、有益或有害、好受或难受，那一定有什么创造了这些二元对立的幻象。

它就是我所说的"心智机器"。

根据一般意义上的理解，你可能会认为我所说的"心智机器"等同于潜意识、无意识或小我（ego）。

从某些角度看，这样理解是准确的，但从另一些角度看，你接下来会知道，它们是不一样的。

【重点】请独立地看待这台我按自己的方式描述的"心智机器"，不要拿诸如潜意识、无意识、小我等概念与之对比，也不要把这些概念与之拼凑在一起。

在这一章，我们来看看什么是心智机器、它是如何运作的、它是如何让"正面和负面情绪"的幻象看起来如此逼真的。

【重点】记住，由于无法具体地定义，所以我所说的跟心智机器有关的那些东西都是某种比喻或模型。

虽然它们非常精确和实用，但它们仍只是比喻或模型。如果你想，可以挑这些比喻或模型的毛病，甚至完全否定它们。但如果真出现这种冲动时，我希望你能克制。

单就"心智机器"这一个话题，我就能写一本甚至好几本书。但这里，我只简单地说一下。

所有的机器，包括电脑，都是按照规则、程序和算法运行的。

以谷歌搜索引擎为例。

谷歌搜索引擎静静地"坐"在那儿，被动地等待你去访问它、输入关键字。你输入之后，它监测到你输入的内容并快速在资料库中展开搜索、运行特定的程序、应用特定的算法、输出搜索结果。

输入……快速响应……输出……闪电般、机械般运作……

输出结果的质量取决于数据库的数量和质量、程序运行状况和算法细节。

如果你输入的内容谷歌无法识别，它仍然会快速响应并输出结果。但那些结果对你没有帮助。记住这一点，它的重要性待会儿就会体现。

谷歌数据库自建立起，就一直随着网络世界的壮大而壮大。

谷歌会把新信息纳入数据库，并根据程序和算法将其归档、分类。

谷歌为了提供最准确的搜索结果，不得不频繁地升级程序和算法。

心智机器也是这样工作的。

自你出生起，心智机器就一直观察着你的生活，然后将观察所得添加到数据库中、建立并存储规则、公式、校检程序和算法。

跟谷歌一样，心智机器也是坐在那儿，被动地等待某事物在内在空间或剧情空间出现。

当某个事物出现时，心智机器也会像谷歌一样，快速地在数据库中搜索、运行程序、应用算法，然后输出搜索结果（让你意识到）。

输入……快速响应……输出……闪电般、机械般运作……

然而，通过心智机器检索出来的"结果"只不过是"故事"罢了。

这些故事通过观察内在空间和剧情空间所得，并通过思想、情绪、知觉表达出来。

当心智机器观察到内在空间或剧情空间出现的事物时，一个程序开始运行，并试图回答如下"三个问题"：

1.这是什么？

2.它意味着什么？

3.我该如何反应？

为了回答这三个问题，心智机器会像谷歌一样，在数据库中搜索相关项目。如果找到，心智机器会再次像谷歌一样，分析并试图得出最佳答案。

在你整个生命历程中，心智机器一直在：

⊙观察那些出现在内在空间或剧情空间中的事物

⊙问"三个问题"

⊙根据数据库、程序、算法回答

⊙储存所有事物及其答案（数据库因此得以不断丰富）

⊙不断升级程序和算法，效率越来越高

⊙让"响应—输出"过程越来越自动化

【重点】如果你与此书产生共鸣,你可以有机会、有能力减缓内在空间的活动,从而目睹心智机器的运转过程。

心智机器要想运转,必须得:

⊙将所观察到的事物分解成若干部分

⊙用词汇给这些部分贴标签

⊙为这些部分建立故事

⊙将这些部分及与之相关的词汇、故事存储到数据库中

例如,当心智机器在剧情空间中观察到各种物体时,它会把这些物体进行分类,并贴上标签,例如椅子、车子、树、山、人。

当心智机器在内在空间观察到各种情绪时,它会把这些情绪进行分类,并贴上标签,例如愤怒、恐惧、沮丧、抑郁、幸福、兴奋、宁静。

你在成长的同时,心智机器也在不断学习。

心智机器会将观察到的所有事物分出类目,并将这些

类目存储在数据库中。

当数据库中既有的项目再次出现时，心智机器能瞬间处理完"三个问题"。

反之，像谷歌一样，当心智机器无法识别某一事件时，它的响应速度就会慢很多，输出的结果可能不准确、没有帮助。

随着心智机器持续遇到数据库中没有的事物，分类目这一项会一直进行下去。

然而，你的生命已经进行到了这里，你的内在空间已经出现了很多种能量的运动方式和频率，它们都已被心智机器记录到了数据库中。

因此，当出现某事物时，心智机器开始问第一个问题"这是什么"，然后瞬间匹配到答案、告诉你相关故事、输出名称。

要回答第二个问题"它意味着什么"，心智机器需要根据记录在数据库中的过往经验，断定它的意义和重要性。

当处理对象出现在剧情空间，即对象是人/地点/事件的时候，第二个问题会显得非常复杂。但如果处理对象是内在空间的情绪，这个问题就非常简单了。心智机器只需按照"正面—负面""愉悦—痛苦""有益—有害"的标准进行判断即可。

心智机器除了能瞬间输出情绪的相关称谓，还能瞬间判断正面/负面、愉悦/痛苦、有益/有害。

剧情空间出现某事物→生起情绪→"这是愤怒"→"这感觉不好"。

快速响应……如闪电一样快……如机器一样运作……

像谷歌一样。

真的如此。

然后，你就会觉察到输出的内容并信以为真。你相信自己确实体验到了愤怒、恐惧、沮丧、抑郁（真的感到"很烂"），或相信自己确实体验到了幸福、兴奋和祥和（真的感到"很赞"）。

但实际并非如此。

它们只是故事。

只是幻象。

是心智的"障眼法"。

接下来说一个比较有趣的……

能量的运动及频率本身是纯粹的、原生的、未加工的。它没有告诉你"这是愤怒，这是沮丧，这是抑郁"或"那是幸福，那是祥和，那是宁静"。

它没有告诉你所谓的"负面情绪"。

纯粹的、原生的、未经加工的情绪（以下简称"纯原体验"）一直是它原本如是的样子——能量的运动及频率。没有好坏之分、愉悦痛苦之别。

显然，反之亦然——纯原体验也没有告诉你某种运动或频率代表着好或愉悦。

所有的名称和评判只不过是心智机器输出的谎言、幻象和故事。

回答完第二个问题"它意味着什么"之后，心智机器要回答第三个问题——"我应该怎样反应"，然后再次搜索数据库。

它会搜索数据库中的所有记录，包括你过去发生的一切，你习得的一切，从经验中总结出来的一切结论，为了生活，为了变得成功、保障安全等目的而创建的一切规则、公式。

然后便会有相关的行动被选择、实施。有无数种可能。

整个过程结束后，内在空间又会出现新的事物，因此心智机器会周而复始地处理"三个问题"。

在你成长的过程中，心智机器一直处于"学习模式"。因此在这个过程中，你会时不时地对内在空间中的能量运动及频率产生不协调一致的反应。

随着年岁的增长，心智机器已然处理了大量的数据，导致特定的程序和算法被创造和锁定。

因此在大多数情况下，心智机器都能很快速地响应："哦，我知道这是什么，这是'愤怒'，而且是个坏蛋；哦，我知道那是什么，那是'平静'，是个好家伙；我知道那是什么，那是'快乐'，也是个好家伙。"

从那一刻起，心智机器便以同样的方式去指派标签、意义和反应，周而复始。它以快到我们无法意识到的速度自动运行。

一旦这些模式锁定，我们便自然而然地忘记了——由于心智机器的处理，我们已经把运动及频率从整体分解成部分，并进行命名、评判，然后把这些谎言、幻象和故事当成真相。

【重点】一旦你相信情绪真的有正面—负面之别，正面的是好的、负面的是不好的，幸福就是一种正面情绪，那么你永远也无法体验到**真幸福**。

永远无法。

为什么?

因为只要还有一个程序将情绪分成正面—负面，心智机器就会一直运行，制造出对立的幻象。而当你告诉自己正面的情绪让你感到愉快，就一直会有负面的情绪让你回避。

【重点】"纯原体验是中立的"这一观点不是某种概念或思想，而是当你处在**真相**中时，能切实**体验**到的。

我刚刚描述的心智机器的"障眼法"，把以下两种成分紧紧绑定在了一起:

成分1: 能量的运动及频率本身，即纯原体验。

成分2：心智机器对纯原体验编造的评判性故事。

为了更形象地理解，我用"水"打一个比方。

当你看着海洋、湖泊、溪流和杯子中的水时，你只看到"水"。

然而从化学的角度它是"H_2O"，即水分子由两个氢原子和一个氧原子组成。

当这两种元素结合后，它们创造了一种叫"水"的物质。

当氢和氧分开时，它们不是水的样子。当两者结合在一起，一下子就成了"水"。分离的氢和氧不见了，我们体验到的，是"水"。

同理，我们的情绪体验始于内在空间的能量运动及频率，是纯粹的、原生的、未加工的纯原体验。

把纯原体验比作一个氧原子。

把名称和故事比作两个氢原子。

然后心智机器拦截了纯原体验，并将其绑定上名称和故事。名称（H）、故事（H）与纯原体验（O）的结合，让你认为你体验到的是某种正面或负面情绪——水（H_2O）。

氢原子和氧原子结合，就出现水；分离，就不再是水。

同理，如果你将纯原体验从名称和故事中分离出来，或者采用更好的方法——一开始就不连接在一起，你就能体验到纯原体验，即——

真幸福！

OK，接下来举一些例子。

不管这些例子是否在你的生活中发生过，你都能收获颇丰。

我打算在这些例子中添加一些自由创意，以便阐释一些重点。因此，如果你的心智机器告诉你这些例子不切实际，请不要太在意。

先举一个出现在剧情空间的。

假设这样一个场景：一对夫妻正在参加一个派对。妻子留意到丈夫正直勾勾地盯着一个漂亮的金发女孩，眼神里似乎比平常多了某些东西。

心智机器观察到了。

它开始处理第一个问题："这是什么？"

得到的答案很简单："我的老公正盯着一个漂亮的金发

女孩。"

快如闪电……机械般运作……

然后问第二个问题:"这意味着什么?"

心智机器开始扫描数据库,发现可能的情况有:

⊙他对我没兴趣了?

⊙她觉得我老公有吸引力吗?

⊙他俩在偷情?

⊙他俩会偷情吗?

⊙我的处境危险吗?

心智机器在扫描数据库的过程中,会发现一个问题可能有好几种答案。

这取决于数据库的内容。

而数据库的内容取决于婚姻是否稳定、丈夫的历史是否清白、妻子是否偏向于怀疑丈夫,等等。

我想,你明白了。

在心智机器响应后,就会选择、指派出相关含义。

就上述这个例子,我们姑且选择这个含义吧——"我怀疑他俩在偷情"。

在得到答案的一刹那，情绪能量开始按某种方式运动，并调到某一频率。

根据数据库中的类目和内容，这种"情绪的能量和频率"可能被命名为恐惧、愤怒或吃醋。

名称的选取由心智机器的数据、程序和算法决定，即由过去的经历决定。

就上述这个例子，我们就暂且选择"吃醋"吧。

"吃醋"是一种紧张的情绪，出现于你认为自己处于失去伴侣的危机之中时。

所以，这种情绪的频率偏向于快速、激烈。

然后，心智机器会观察到这种紧张的"吃醋"频率，并做出如下评判：

"这感觉不好。"

然后，这个女人就会不假思索地接受"吃醋"和"糟糕"的故事。真的相信自己有"醋意"，真的感觉糟糕。

就这样。

"障眼法"施展完毕。

比眨眼还快。

至于所指派的意义是否与真实情况相符，那很难说。

在这个例子中，伴侣可能有婚外情，也可能没有，甚至压根儿对那位金发女子就没兴趣，他当时只是出神了。

但是没有关系啦。

内在的能量该怎样运动还是怎样运动。

还是会被调到特定频率。

还是会被贴上标签。

还是会被绑定上评判。

而你还是相信你的情绪就是心智机器所加工出的模样。

然而事实却是——这种情绪并不是"吃醋"。

它只是内在空间中的能量运动及频率，只不过被贴上标签罢了。

要是没有被绑定上故事，它感受起来就没有好坏之别。

它就是它本来如是的样子，无所谓你将它说成"糟糕"、"中性"还是"愉悦"。

【重点】当你体验真幸福时，所有的能量运动/频率在你眼里都是愉悦的、受欢迎的。

找到意义和重要性之后，最后的问题"我该做何反应"就会被提出并得以解答，然后通过相关的行动显化在剧情空间。

我们再来看另外一个例子。

想象一下，你正开着车走在公路上，然后你的心智机器观察到，有另一辆车闯过红灯，飞快地向你冲过来。

心智机器开始飞快地处理第一个问题并得出"一辆车在闯红灯"，然后处理第二个问题并得出"这很危险"。

意义被指派后，内在空间中的能量开始按某种特定的方式运动并调到特定频率。

由于这个故事属于"紧张型"（因为可能死于车祸），因此能量运动的频率是高速而紧张的。

然后，心智机器觉察到这种频率，并按固定的次序回答"三个问题"。

"它是什么？"

心智机器开始在数据库中搜索相似的项目，并得出结论：这是恐惧，我害怕。

"它意味着什么？"

心智机器开始在数据库中搜索相似的项目，并得出结论：恐惧意味着不好、不舒服。我不喜欢。

"我该做何反应？"

心智机器开始在数据库中搜索相似的项目，并得出结论：我最好急刹车或转向，保护自己。

我还可以举出更多的例子，但我相信你已经明白了。如果你想看其他一些详细的例子，请访问我网站中的如下页面：

http://www.happinessbook.com/video-examples/

现在来小结一下你掌握了哪些：

1.为了回应剧情空间所出现的事件，内在空间中的能量会按照某种特定的方式运动并调到特定的频率。

2.这就是纯原体验。

3.纯原体验从来没有名称。

4.纯原体验无所谓正确、错误或不舒服。

5.纯原体验就是其本来如是的样子。

6.心智机器一直监视着纯原体验。

7.心智机器给纯原体验贴标签、编故事、评正负。

8.我们把评判性的故事当作真相。

【重点】所有情绪体验在一开始都是纯粹的、原生的、未加雕饰的，可随即遭到了心智机器的拦截，并被绑定上某种评判性的故事。

如果将评判性故事与纯原体验分离，你认为会发生什么？

如果心智机器停止拦截，你认为会发生什么？

如果纯原体验一开始就没有被绑定上标签或评判，你认为会发生什么？

当剧情空间出现某事件时，情绪能量还是有各种各样的运动方式，还是有各种各样的频率。

你会觉察到所有运动方式和频率。

你会欢迎所有。

你会感激所有。

不加名称，没有标签，不予评判。

只有纯原体验本身，即……

真幸福。

你会体验到所有的运动方式和频率，但你的脑海里不会出现名称、标签或评判，只有纯原体验。

【重点】这就是我和世界上其他很多人此时此刻正在体验的。

所谓愤怒、沮丧、悲伤、抑郁、恐惧、宁静、兴奋，甚至"幸福"，通通都溶解并化成了——

真幸福。

所有情绪融合成一股受欢迎的流动。这种融合比玩过山车、读精彩的小说、看精彩的电影更精彩。

这是现实的。

可操作的。

你可以实践的。

你已经在小说、电影、体育赛事、游乐场中实践过了。

现在是时候在"所有"情境中实践了。

让我们把这个问题弄得再通透一些。

因为仅仅懂得"纯原体验被绑定上了评判性故事""情绪没有正面—负面之分"，对你没有什么实际的用处。

我所说的不是这个。

而是切实**看见**、切实**体验**到相关的**真相**。

一旦**看见**并**体验**到真相，你就可以对"非幸福"说"拜拜"了。

一旦**看见**并**体验**到真相，你就可以对踩着转轮的仓鼠和追着机械兔的狗狗说"游戏结束"了。

如果**真幸福**的秘诀就是"不加评判地体验纯原体验"，那么我估计大家会拼死拼活地问我这样一个问题：

怎么操作?！

翻页。

第 6 章

真相病毒

当你玩过山车时，心智机器知道那是娱乐性质的，所以它也不处理、不绑定。

在人体、计算机领域，"病毒"为人熟知。

在人体内，病毒会与人体细胞相互作用，并对后者造成伤害性的影响。简言之，病毒会改变细胞在人体中的功用。

在计算机领域，病毒是一种会产生不利影响的程序，会破坏或删除文件。简言之，它能改变计算机的功用。

这两种情况都是一种"因素"影响其他"因素"，并对后者产生某种影响。

在人体和计算机领域中，病毒都被视为负面的东西。

接下来我们要讨论的这种病毒，它的运作方式与上述两种病毒类似，但它的作用却是正面的、有益的。

我将其称为"真相病毒"。

人体病毒影响的是细胞；计算机病毒影响的是计算机的数据、资料、程序。

真相病毒影响的是心智机器的数据库、程序和算法。

我们已经在之前的章节中得出：纯原体验是初始状态，而后被心智机器拦截，并被绑定评判性故事。我们信以为真。

纯原体验——**真幸福**，还在那儿。

没有被删除或损坏。

只是被绑定上了评判性故事，好比氧原子被绑定上了氢原子，形成了"水"。

截至目前，心智机器的数据库中已经存储了不计其数的标签和故事。而且哪些是正面的、哪些是负面的，哪些是感觉好的、哪些是不好的……都已分门别类。

真相病毒的运作分为两个阶段：

第一阶段：真相病毒进入心智机器的数据库，将纯原体验与故事分离。

第二阶段：真相病毒阻止新的故事与纯原体验绑定。

在人体或计算机中，病毒即使迅速扩展，但要全面控制仍需要较长时间。

真相病毒也一样，扩展迅速，但需要较长时间才能完全施展它的特殊魔法。

真相病毒侵入心智机器以后，开始选择性地删除或修改数据、删除或修改程序、安装新程序、修改算法。

你也许能够意识到病毒的运作，也可能无法意识到。

谷歌随时都在进行上述删改、升级，其数据库中的数据一直在变。相应地，搜索结果也一直在变。

再者，谷歌每年都会对程序和算法进行几次更改，以确保提供最好的搜索结果，保持市场优势。

至少会出现的情况是——一旦谷歌更改数据库、程序和算法，搜索结果就会明显改变。

心智机器也一样。

将真相病毒引入心智机器的方式有两种。我会在这一章介绍第一种方法。而第二种方法所涉及的领域已超越了此章的主题，因此将在后续章节《红色药丸》中予以讨论。

如果你在此书中发现真相病毒，可能不会惊讶。说不定已经有真相病毒进入到你的心智机器了。

直到刚才，心智机器一直都在自主自动地运作，对内在空间中的情绪能量施展它的障眼法。

而你也觉察到了它所输出的内容——评判性的故事。因此你一直在体验正面或负面情绪。

在这一刻之前，你从来没有认真检视这一切。

你从来没有怀疑过那些故事的真实性。

所以，既然你读到了本页，有两件事正在发生：

一、心智机器中的数据发生了改变，现在已经有了前所未有的数据，即：1.正面和负面情绪不存在；2.它们仅是能量的运动；3.心智机器是怎样运作的。

心智机器在试图回答"三个问题"的过程中，一定会扫描它的数据库。所以，只要简单讨论一下你的发现，就能显著地改变心智机器的运作方式。

这会在后续章节《跨越鸿沟》中予以讨论。

二、随着新的数据得以加入到心智机器的数据库，以及真相病毒的持续运作，心智机器中的程序和算法正在被添加、删除或修改。

因此，当心智机器观察到内在空间、剧情空间的事件时，会以不同于以往的方式回答第一、二个问题。

因为此书将真相病毒引入了你的心智机器。

随着真相病毒的运作及内在空间内容的变化，有两件事会发生：

1.心智机器将会观察到变化。

2.你将会目睹到变化。

这双重的觉察会为真相病毒装上涡轮增压，让它的影响更快速、更强烈。

随着你对内在空间的觉察力越来越强，你会亲眼看到纯原体验与故事的分离过程。

那种体验酷毙了！它到来的那一刻将使你终生难忘。

最终，内在空间的变化会显现出来。不需要你做什么，也不需要应用任何技术，相关的变化就能被你觉察到。

不过，为了支持这一过程，我希望你们做一个练习。这个练习分为5步。

第1步：

我希望你通过自己的亲身体验去检视我所分享的这些。

因此，我希望你们花一分钟时间，放下书、闭上眼睛、觉知内在空间。

在第1步中，我对你最大的期望是，当你观察内在空间时，能觉察到一个巨大的空间——没有开始，没有结束，没有边界，也没有上下、前后、左右。

请你现在就停止阅读，开始操作第1步。

你还在继续读吗？是的话请停下来，完成第1步。如前所述，如果你只是阅读，让这些仅仅停留在思想、概念、智性层面，你会错失一个很好的礼物。

第2步：

请再次闭上眼睛，觉察内在空间。如果你能觉察到情绪能量正按某种方式和频率运动，观察它，用自己的体验去验证我关于运动、频率的说法。

如果没有出现任何情绪能量的运动，请花点时间回忆或想象一次能让你情绪翻涌的事件。或者等下次情绪波动时，观察它，看看是否跟我说的一样。

在这一点上，你所觉察到的能量运动及频率可能是纯原体验，也可能是被绑定上评判性故事的结合体。

不管是哪种，你只需要觉察内在空间。

请立刻停止阅读，先应用第2步再看第3步。

第3步：

如果内在空间中的情绪是被绑定的结合体，认真观察它，看看是否故事正在跟纯原体验分离。

分离可能来得很早，也可能需要再等等，让真相病毒多施展一些魔法。

【**重点**】你不能强迫纯原体验与故事分离。没有任何技术、策略或魔术子弹可以命其发生。只要真相病毒施展了它的魔法，分离自然会发生。

你知道的，纯原体验只是能量的运动，无所谓好坏。因此，一旦觉察到内在空间，看见纯原体验与心智机器的故事相分离，"非幸福"就"结束"了。

到那个时候，真相病毒就彻底地完成了它的任务，心智机器处理情绪的"老方法"就会一去不复返。

然后……

你的生命就此改变。

第4步：

我建议你经常应用这一步。

等你应用以上几步一段时间（我无法预测是多久），内在空间的活动便会慢下来，因此你能够更容易地看见心智机器的内容和操作过程。

如果你熟悉我之前的书并且是"第二阶段"的玩家，那么接下来要说的第4步就是老生常谈了。

当你再次体验到所谓的负面情绪时，潜入其中，去感知相应的纯原体验。

之所以用"潜入"这个词，是因为这就是我的感觉，像潜入大海一样潜入到能量的涌流之中。

简言之，专注在感知能量的运动及频率上。

你如果像我一样做，你发现的那些东西将会让你目瞪口呆的。

你将会发现，被称为"负面情绪"的纯原体验和被称为"正面情绪"的纯原体验之间的差别并不大。

最重要的是你切实地体验到，而不仅仅是获得某种智性的领悟。

例如，你将发现"恐惧"的纯原体验与"兴奋"的纯原体验并不是那么不同——虽然心智机器为两者抛出的故事有着天壤之别。

又如，你将发现名为"抑郁"的纯原体验与名为"宁静"的纯原体验并不是那么不同——虽然心智机器为两者抛出的故事大相径庭。

所谓的正面或负面情绪与纯原体验只有微妙的差异。

这种差异微妙到不足以证明"这种感觉好、其他感觉不好"的谎言、幻象和故事。

例如，如果你潜入名为"抑郁"的纯原体验中，会发现"抑郁"感觉起来比"宁静"稍显缓慢、厚重，但两者有着惊人的相似度。而且这种缓慢、厚重的感受并不能表示"抑郁感觉不好，宁静感受好"。

如果你正挣扎于名为"抑郁"的能量运动及频率之中，可能此时此刻你的心智机器正抛出这样的想法——"不，你错了罗伯特。抑郁是不一样的，它感觉起来很糟。我恨它"。

"不要担心啦。"澳洲人民如是说。

一旦真相病毒完成它的使命，你一定会**体验**到**真相**，亲身验证其准确性。

就刚才的例子而言，心智机器可能会向内在空间抛出如下两个疑问：

1.如果正面情绪和负面情绪如此相似，那为什么它们表现出来以后就如此不同了呢？

2."宁静"感受起来怎会如此正面，"抑郁"又怎会如此负面？

答案很简单——心智机器所制造的故事有令人难以置信的催眠性和迷惑力。如果你想知道为什么是这样，请看附录A：大哉问。

切实**体验**到**真相**的时刻将是你人生中的"重大时刻"。

如我所述，当那一刻来临之际，你将从"透过谎言、幻象和故事看待一切"升级到"透过**真相**看待一切"。

第5步：

无论在任何时候遇到任何情绪，观察它，等待故事与纯原体验分离。

一旦真相病毒对数据库、程序和算法做了足够的修改，你就会对纯原体验变得有觉察力，并目睹到心智机器的处理过程：入侵→拦截→抛出评判性故事——这是愤怒，感觉不好；这是沮丧，感觉不好；这是兴奋，感觉很好……

你会切实看见我所描述的——一开始，纯原体验以自己本来的样子出现，然后心智机器将其擒获、加工、命名，并绑定上好/坏、正/负、愉悦/痛苦的评判。

我还是无法预测这会多快发生，或在什么时候、以什么方式发生。

就如我将在此书末尾所说的：你可能需要服下"红色药丸"，让真相病毒贴近你的个人实际、个性化地完成任务。

当我在进行自己的旅程时，也需要服下"红色药丸"。

心智机器被植入真相病毒的后果是什么？

你已经在看电影、读小说、玩过山车的过程中体验过**真幸福**了。

这些情况为什么不同？

最简单的解释就是：心智机器对于发生在内在空间和剧情空间的事件非常敏感。

当你在读小说或看电影时，心智机器知道它们没有真正发生。它知道小说和电影的内容是虚构的、探索性的。因此，当内在空间出现相关的纯原体验时，心智机器不会把评判性的故事与之绑定。

当你玩过山车时，心智机器知道那是娱乐性质的，所以它也不处理、不绑定。

然而，当事关个人时或发生在自己身上时，当事件"严肃"而"重要"时，情况就不一样了，心智机器会开始响应→加工→施展它的幻象障眼法。

而真相病毒负责将许多"严肃""重要"的内容予以转化，从而令心智机器停止响应——就跟读小说、看电影、坐过山车的时候一样。

你在日常生活中也能处于那样的模式之中，就像看电影、读小说、坐过山车的时候一样。

关于这一点，我本想说得更详细些。不过在这个时候并不必要说得太详细。

为什么我要分享这个？

因为有可能你的心智机器正在往你的内在空间抛入一些怀疑的念头，譬如：

⊙ "我就是想不通这怎么可能是真的。"

⊙ "不不不，有些情绪的确很舒服，有些的确很不舒服。"

⊙ "这貌似不可能。"

⊙ "这不过是一些虚无缥缈的童话，不现实，扯淡！"

⊙ "我就是想不通我怎么可能把'恐惧'体验成好的或中性的。"

⊙ "我就是理解不了我怎么可能把'抑郁'体验成好的或中性的。"

不一而足……

如果有诸如上述怀疑的念头冒出来，请记住：它们只是心智机器往内在空间抛出的念头，仅此而已。

如果心智机器抛出了诸如上述怀疑的念头且数据库中添加了一些真相数据，那么，真相病毒的影响力就会得到加强。

这就是我要分享这个的原因。

如前所述，在心智机器检测到此书的内容后，它会着手处理这些内容，并在内在空间抛一些念头以及各种各样的问题。

至于是哪些问题，我的回答是什么，请翻到下一章。

第 7 章

平息噪音

真幸福不依赖剧情空间中的特定事物，两者不是互相依存的关系。

　　根据我与全世界数千人的合作经验可以确定，当心智机器观察到我所分享的内容时，会制造出各种各样的异议、抵抗和争辩，试图说明为什么我所分享的不是事实——无论对你还是其他任何人而言。

　　此外，它还能制造出无限长的问题清单——哪怕有些是它接受的。

　　我把心智机器的这种活动——怀疑和无穷无尽的提问，称为"噪音"。

　　在真相病毒植入和运作的过程中，心智机器会试图产生一系列噪音。这一章，我们会就这些噪音予以讨论。

　　接下来，我会列出曾经被问到的一些问题及其回答。

　　光是问答录我就能整理出一本书了。但在本章中，我会言简意赅，只列出与此书主题有关的。

　　这些问题可能在你的脑海里出现过，也可能没有，但这些是我被问得最多的问题。

　　不管有没有在你的脑海里出现过，这些问题都会对你的旅程及真相病毒的运作起到积极的作用。

　　你也许会留意到，一些回答包含了若干重复内容，而你的心智机器也许会说"好啦好啦，我知道了，罗伯特，你已经说过千百遍啦"。

无论你是否听见心智机器这么说，以下这些内容对加强、加快真相病毒的运作真的非常非常有帮助。

【问】你说只有你知道情绪及幸福的真相，其他人都是错的，只有你是对的，这样的说法是不是显得有些傲慢自大？

【答】我所说的都是忠实的描述，是我在内在空间和剧情空间亲眼所见的，以及在自己生命旅程中真实经历的。通过此书，你被邀请亲自来检验，看看你的体验是否如我所述。

"傲慢自大"意为个人放大自我重要感。我说的这些无关个人，而是关于你、关于真相、关于**真幸福**。

【问】当体验到某种不是**真幸福**的感受时，回到**真幸福**状态的最快途径是什么？

【答】在问这个问题的时候，你其实说的是："我正在体验某种我不喜欢的感受，如何最快地把它换成我喜欢的感受。"而这会强化"存在所谓正面感受和负面感受；我们可以、应该摆脱负面感受，争取正面感受”的幻象。

如前所述，那样的路无法通往**真幸福**。所以我无法如你所愿，为你提供一条最快的途径。

如果你深入你的内在空间，看看正在发生什么、经常发生什么，你的问题就会迎刃而解。

我还需要补充一点（虽然有些跑题）——“更快总是更好”是一个世界性的错误观念。

“更快”并非总是“更好”。

作为一个独特的个体，对你来说，最好的速度必定是你自己理解的“更好”速度，不管在别人看起来是快是慢，或是不快不慢。

【问】如果没有足够的钱去维持最基本的生活开支，那又该如何去做才能保持愉悦呢？

【答】**真幸福**不依赖剧情空间中的特定事物，两者不是互相依存的关系。**真幸福**可以成为你的持续体验，不管你遇到什么。

当你遇到经济困难时，有不止一个办法让你处在**真幸福**中；当亲密关系出现困难时，还是有办法让你处在**真幸**

福中；当你与病魔抗争时，仍然有办法让你处在**真幸福**中。

体验**真幸福**不依赖外部的环境。

无论处在何种环境或遇到何种困难，唯一要做的事情就是——允许真相病毒执行它的任务，让自己深入地探究内在空间并：

1.看看里面到底正在发生什么；

2.观察纯原体验与心智机器所编的故事分离，并且——

3.安在于纯原体验中。

【问】当心智机器给我讲述痛苦的故事时，我该怎样保持幽默和欢快？

【答】这时的契机不是去修正内在空间所发生的，（在此种情况下）不是去保持你的幽默或欢快。

这时的契机是：允许真相病毒充分执行它的任务，从而使你看见内在空间所出现的事物，看见到底正在发生什么。

当你能够做到时，"痛苦的故事"自然会消失，你自然会体验到**真幸福**（包括你所说的"幽默"和"欢快"，虽然到时候你不会再这样称呼它们了）。

【问】有人会服用百忧解[①]等改善情绪的药物，他们服用后会感觉好些吗？

【答】这个问题非常有意思。在回答之前，我必须讲一些大多数正在服用这种药物的人打死也不同意的说法（你可能也位列其中）。不过，事实胜于雄辩，实践是检验真理的唯一标准。

出于简便性，我这样表述：有人选择通过药物来"缓和"其情绪"症状"。

以下是所发生的事件：

1.心智机器通过"学习"，将内在空间的某种能量运动及频率称为"抑郁"。

2.心智机器编造出相应的故事，说"抑郁是一种不好的感觉，我想摆脱它"。

3.服药后，一种新的能量运动及频率出现在内在空间。

4.心智机器监测到它，根据数据库中已有的数据，断定它有着"感觉舒服"的表象，并编造出相应的故事。正在遭受抑郁困扰的人相信了这个故事，并相信自己真的感觉"好些了"。

5.但这不是**真相**。

之前那个被称为"抑郁"的感受，不是不好的，只有故事这么说；之后的"药物感受"也不是好的或更好的，只有故事这么说。

当我们被心智机器的幻象所迷惑时，"某些能量运动及频率感觉好、某些不好"这种说法就会显得很合理。

但这并不是事实。所有这些现象都只是出现在内在空间的不同的能量运动及频率——无所谓好坏、愉悦或痛苦。

我知道你要看见并接受这一点有多困难……尤其是在被"糟糕的感受"折磨了那么久之后。

但尽管如此，事实就是事实。

故事"看起来很正确"并不意味着它就是正确的。

如前所述，故事是后天习得的机械化反应，无异于在谷歌上输入"抑郁"二字，然后得到一大堆说"抑郁是一种不好的感受"的结果。

【重点】你无须纠结于我的言论，你明白或不明白、同意或不同意，都没关系。因为一旦真相病毒完成它的任务，我所说的都将是你的亲身体验。

【问】我是两个孩子的家长。我最好的朋友有三个孩子，其中一个刚刚夭折。她现在深陷悲痛和抑郁之中。你真的是在严肃地告诉我，即使我的孩子死了，我仍然能够快乐？

【答】对于这种情况，你们不太可能真的听进去我所说的话，至少不会马上听进去。心智机器数据库中的谎言和幻象太强大，而且上了锁。但不管怎样，我必须得说出相关的真相，而如果会因此引发什么，那就让它引发吧。

"悲伤"和"抑郁"这两个名称，用于描述出现于内在空间的两种能量运动及频率。

心智机器将一些故事绑定在了这两种运动及频率上，说"这感觉糟透了"。

事实上，当某人说他感觉悲伤或抑郁时，出现在内在空间的通常更剧烈。但不能因此说明"感觉糟糕"的故事是真的。

当故事从纯原体验中分离开了之后，感觉就完全不是

"糟糕"了。

刚好相反。

说真的，一旦一个人开始体验**真幸福**，就不可能再根据剧情空间的情况成功地预测内在空间的情况。

如果你的一个孩子夭折了，内在空间很可能会出现一种"非常强烈"的能量运动及频率。

然而这种感受仍然可以以纯原体验的方式出现，不绑定"感觉糟糕"的故事，让整体的情绪体验变得非常不同。

我不是说，如果孩子夭折你还会是传统意义上的"快乐"或"高兴"。

当然不是。

我说的是，如果那时你已经能够体验**真幸福**，你只会简单地觉察到内在空间中的能量运动及频率，没有命名、标签或"感觉糟糕"的评判。

我是以两个孩子的父亲的身份说这番话的。

这番话，是根据我在**真幸福**状态下的真实经历说的。在养育我两个孩子的过程中，我经历了许多只有在谎言和幻象的情境中才成立的"困境"，以及许多只有在谎言和幻象的情境中才成立的"糟糕感受"。

这番话，也是我经历过父亲的辞世后说的。

如果真相病毒没有完成一定量的工作，心智机器（也就是你）就不可能在思想、理念层面接受我的说法。

尤其对于孩子夭折这样的强烈情绪，心智机器会持续运作并制造一系列的怀疑，例如：

"那样说不通。"

或者，"我不认同。"

或者，"不可能是那样的。"

或者，"这样的回答简直就是冷血无情。"

又或者，"如果我的反应是那样的话，那我就是个烂人。"

……

这完全不是"冷血无情"。

而是事实。

"冷血无情"和"烂人"只是心智机器编造出的故事。

我希望我的回答能继续在读者脑海中争吵，让它仅在思想、理念层面上翻涌。

【问】我身体不好，经常出现诸多不适，好像永无止境，这让我很抑郁。针对我的情况，你有什么样的建议？

【答】从我的角度、用此书的语言理解，你说的其实是：你有一些持续性的疾病、伴随着生理的不适；你的心智机器监测到了这些情况，然后开始编造故事，并暗示其"永无止境""负面"。

然后，内在空间的能量开始按某种特定的方式和频率运动，以回应"无穷无尽的不适"这一故事。

当心智机器监测到情绪能量的运动及频率后，立即开始响应，告诉你它是"抑郁的""不舒服的""不好的"。

如果没有心智机器的介入，亦即**真幸福**的体验，事实是这样的：有一些持续性的疾病，伴随着生理的不适；内在空间的能量开始按某种特定的方式和频率运动，以回应疾病和不适；相关的能量运动及频率只是被体验到，没有名称、标签或评判——不好不坏，不愉悦不痛苦——仅仅是内在空间出现的某种能量运动及频率。

我还得透露一个让你难以置信的信息：真相病毒对心智机器的影响如此之大，大到有可能你再也无法从疾病中体验到生理的"痛苦"。

我会在此书的最后一章《红色药丸》中讨论这一可能性。

就如上述我对孩子夭折的回答，心智机器在监测到这一回答后，很可能会产生如下念头："我不可能从如此巨大的伤痛中恢复"，或者"扯淡！我是真的抑郁"，或者"不！真的真的很痛，痛入骨髓！"

如果这类念头出现，我明白的。

我听见你的话了。

我自己也经历过。

我只能说：当你真正**体验**到**真幸福**时，你就会知道，我告诉你的，是**真相**。

如前所述，它会给你造成真正的"思想风暴"。

【问】有些人说他们觉察不到或感受不到自己的情绪，对此，我想知道你的看法。

【答】在与全世界数千人的合作过程中，我会时不时地听到你说的这种情况。当我去刺探它、检视它的时候，我发现，大多数都不是事实。

当然，也可能有例外。我只是在说我所看到的。

依我的经验，那些说自己不能体验到情绪的人，事实上他们中绝大多数人都能体验到情绪，只不过被念头抑制或屏蔽罢了。

即，心智机器的一个故事正在告诉他们：自己没感觉到情绪。

心智机器为什么会告诉他们这样一个故事？

因为对于有些人来说，情绪是不舒服的、恐怖的。

就如你迄今所了解的，情绪并非真的不舒服或恐怖（故事中除外）。那只不过是一个非常有信服力的故事罢了。

依我的经验，无论心智机器抛出的故事是"一切平静"还是"觉察不到"，内在能量都会按某种方式运动，并调到某种频率。人人如此。

【问】我的情绪大约在90%的时候都是中立的。而当情绪出现波动、不再中立时，头脑会给相关的事件赋予相关的意义，然后我会觉察它，并溶解掉出现的情绪。作为纯精神层面的练习，我认为它有益于个人成长。你怎么看？

【答】谈及**真幸福**时，我们讲的不是"溶解"情绪或对情绪进行任何处理。那是老路子，无法带你达到**真幸福**。

谈及**真幸福**，我们讨论的是体验情绪——所有的情绪，没有称谓、标签或评判性故事。

对我来说，那才是真正的个人成长。

我不是说纯精神练习没有价值。

我不是说"别再做那些练习"。

在你旅程中的某些阶段，那些练习会为你提供莫大的帮助和支持。

我要说的是，纯精神练习是为了管理、最小化、抑制、重塑、忽视、释放、溶解、摧毁、转化、治疗情绪，或消除负面情绪。而这些都无法让我们**体验**到**真幸福**。

这类纯精神练习只会让你像仓鼠踩转轮或狗追机械兔一样。

【问】从本质上讲，你描述的**真幸福**体验是否等同于"从情绪的我执中解脱"并"观察小我（ego）"？

【答】不，我说的不是这个。

的确，我希望你们观察内在空间所出现的事物。因此有人会认为我所说的"心智机器"就是所谓的"小我"。

"观察内在空间及心智机器的运作"与"去除情绪的我执"有很大的区别。

简单地讲,"去除情绪的我执"意味着与情绪分离或斩断情绪的连接,而在此书中,这同样意味着试图管理、最小化、抑制、重塑、忽视、释放、溶解、摧毁、转化、治疗情绪,或消除负面情绪。

真幸福和"去除情绪的我执"是极端对立的两面。

在**体验真幸福**的时候,你是全然浸入、连接到情绪能量的。

只是……

全然浸入并连接的是纯原体验,而不是故事。

【问】冥想(meditation)对于达到**真幸福**状态有帮助吗?

【答】可能很多人不会赞同我的看法——我的回答是"不是经常有帮助"。

根据我的所见、我的经验以及那些对自己的经历很诚实的人的说法,冥想并不能带领我们进入**真幸福**。

当一个人处于入定状态时，心智机器也处于"休眠"状态，而且内在空间缺乏情绪能量的运动。

也或许……心智机器将这种状态命名成了"安宁""平静"或"好"。

然而一旦出定、回到平常的意识状态，心智机器便会重新运作。他们依旧会体验到正面—负面情绪。

对于改变心智机器的运作，冥想鲜有可持续的效用。

当然，可能也有例外。

【问】你在"通过改变信仰去体验**真幸福**"的过程中，最艰难的部分是什么？

【答】我发觉在自我治疗及心理治疗的模式中，普遍存在"改变信仰"的思想、理念或技术。

我解释一下。

为方便理解，我用"太阳与云"的比喻进行阐述。

假设太阳代表**真幸福**。

一层厚厚的乌云代表心智机器的谎言、幻象和故事，它阻挡了你体验太阳——**真幸福**。

改变信仰系统意味着改变云层的成分，而无论那些成分有多"积极正向"或多有自主权，阳光依然被云层挡着。

我谈论的是完全拨开云层，让**真幸福**之光照进来。

看似差之毫厘，实则谬以千里。

【问】要是我停止用"感觉"或"情绪反应"作为雷达探测器，我怎么能知道我是否走在正确的路上呢？

【答】实际上你说的是两码事。

谈及**真幸福**时，我的意思是体验纯粹的情绪能量，不带心智机器的故事。

你说"把感受当成雷达"时，你所说的"感受"其实是内在空间中某种被绑定上信息的东西。它就是一般意义上所称的"直觉""预感"或"内在指引"。

这种讯息或指引出现时，可能附有某种感受，然而讯息和指引本身才是关键。

这是一种不同于**真幸福**的体验。

不管是否附有某种感受，直觉、预感或内在指引都不是心智机器所抛出的故事。

它是不同的事物，不会因为**真幸福**的出现而消失。

直觉信息依然会出现（有可能附上内在空间的能量运

动及频率，也可能以本来的面貌出现）。

在体验**真幸福**的同时，你并不会失去它们。

【问】我所在的祷告组织长时间致力于消除阻碍和重复模式（patterns）。请问**真幸福**是如何处理阻碍和重复模式的？

【答】在一定程度上，此书中的真相病毒也有"消除"阻碍和重复模式的功能。问题是，你说的是哪种"阻碍"和"重复模式"？

可能你所在的团体所做的不同，但一般说来，人们所说的"阻碍"和"重复模式"不外乎是自我折磨、金钱困境、反复陷入痛苦的亲密关系、事业的起起伏伏，等等。

一般来说，通过消除这些阻碍或重复模式无法达到**真幸福**的状态。

要体验**真幸福**，心智机器必须停止对纯原体验的拦截和扭曲。

而这不同于消除重复模式或阻碍。

【问】关于"为什么体验**真幸福**也能影响我的人际关系、金钱、身体、健康"，你能多谈论一些吗？

【答】关于这一点，说不定我可以说上两个星期，但在此我只能粗浅地谈一谈。

你日复一日地将精力灌注在改变、修正、提升、创造或体验生命中的一些事物上。而"幸福快乐"是所有这些行为背后的终极动机。

因此，每当你试图改变、修正、提升、创造或体验某些事物时，你实际上是在试图变得幸福快乐。你认为"如果我能怎样怎样，我就会幸福快乐"，因此你努力让自己怎样怎样。

呃……如果你已经是幸福快乐的了，**真幸福**，随时如此，无论你遇到什么，那么你所希望改变、修正、提升、创造或体验的项目清单会怎样？

会发生改变，对吧？

会缩短，对吧？

你现在可能不相信（意味着心智机器会向内在空间抛出这类念头："我不确定"或"我不赞同"），不过一旦你开始体验**真幸福**，你会亲身验证的。

没错，那就是会发生的。

清单缩短。

清单上的很多愿望就那样掉了、不见了。那些留下的跟之前所理解的有了本质的区别。

当你随时都处在**真幸福**中时，你的愿望清单会缩短，而你对仍然保留的愿望（不管有没有实现）的理解会发生改变。

愿望清单上的很多项目都掉了，这是一种不凡的掉落，它激起的涟漪影响到了你生命中的各个面向，包括人际关系、金钱、家庭，甚至身体健康。

这些涟漪的影响是无法事先弄清、预览或投射出的。

这种影响是超越语言、思想和概念的。

只有亲身体验。

在这一点上，我需要确保你们还清楚一些别的东西。

当**真幸福**被体验并在你的世界激起涟漪时，不意味着你马上就会变成一个富豪，或找到你的灵魂伴侣，或立刻修复破裂多年的关系。

它不意味着拥有持续的健康，或一觉醒来，疾病痊愈。

也不意味着你幻想着能出现或消失的会因此出现或

消失。

上述这些例子可能全部会发生，但我所说的"**真幸福的涟漪会影响你生命的各个面向**"不是这个意思。

当内在空间出现**真幸福**体验时，并不能保证剧情空间也一定会出现相应的转化或改变。

人生之旅的地图上到处都可能出现细节，而这些细节由你的人生剧本决定。

每个人的人生剧本都不一样。

事实上，有无数种可能。

我觉得，等你体验到**真幸福**的涟漪时你再惊讶、兴奋吧。

那是一种超凡的、思想风暴般的体验！

【问】关于爱呢？

【答】哇，关于这个主题我可以写一本书了。我将充分回答这个问题，但我必须提出警告——你即将得到的答案是很多心智机器都不喜欢的，具有争议性。

"爱"这个字在很多语境下使用。

所使用的语境不同，意义也可能不同。与此书有关的使用语境和定义有三种：

1.用于描述你对某事物的观点和喜好，但内在空间中不会出现与之相关的能量运动或频率。（例如，"我爱胡萝卜蛋糕"。）

2.用于描述内在空间中涉及某人或其他生物的能量运动及频率。（例如，"我爱我的母亲"或"我爱我的狗"。）

3.用于描述灵性层面的事物。（如"上帝就是爱"。）

目的使然，我只谈谈第2点：当"爱"用于描述"内在空间中涉及某人或其他生物的能量运动及频率"时。

我们的旅程到了此处，你可能不会（或仍会）惊讶于听到我们将"爱"这个词用在某人或其他生命体上。其实，这无异于用其他词汇描述内在空间的能量运动及频率。

"爱"用于描述内在空间中的一组独特的、强烈紧张的运动及频率。

我之所以说"一组"，是因为我们所说的爱不止一种。有很多种感受都可以称为"爱"。

在这种意义上，在这个语境中，"爱"并没有什么特别的（在心智机器的故事中除外）。

就像其他情绪的运动和频率一样，心智机器监测到了内在空间中的某些运动及频率，学会将它们命名为"爱"，并绑定以高度"正面"的故事。

如果内在空间中出现了一些运动及频率并被你觉察到了，你会说"我爱你"。

如果它们没出现，你就不会这么说。

实际上就这么简单。

在一些情况下，尤其是在恋爱关系中，如果那些能量运动和频率曾经出现、但不再出现时，我们会说"我已经不再爱你了"。

别太在乎我个人的说法。

你自己去看，当你对某人说"爱"或感受到爱时，你的内在空间发生了什么。

【重点】这绝非轻视或诋毁"爱"，而是当你带着残忍的诚实去看时，会切实看见的真相。

【重点】当真幸福的涟漪开始产生影响时，"爱"不会因此离开。

你所称呼的"爱"不仅不会离开，而且当**真幸福**来临时，它会得以改变和扩大。另外，你曾经所称呼的"爱的痛苦和迷惑"也会消失，即使付出后没有得到回报也是如此。

当**真幸福**的涟漪开始产生影响、当"爱的流动和频率"出现时，你仍然会对相关对象说"我爱你"。

至少我是这样的。

一直都是。

关于这一点，**真幸福**所能够提供的帮助有：

⊙当你说或想"我爱……"时，**真幸福**能让你清楚地知道你在说什么、正在发生什么。

⊙**真幸福**能让"爱的频率"出现得更频繁。

⊙**真幸福**能让"爱的频率"的出现不再依赖于特定的人、事、物或特定时候。

⊙**真幸福**能让"爱的频率"不会再因为剧情空间中同一个人、事、物的出现而出现、消失而消失。也不会再因为心智机器所编故事的出现而出现、消失而消失。

【问】那出现在梦中的情绪呢？心智机器一样会在梦中运作吗？

【答】我将其称为"梦境空间"，那是一个非常独特的"空间"。在那里，对于"会发生什么"或"能发生什么"毫无规则或程式可言。

看待它的最好方式就是：

任何时候，只要你在梦境空间里体验到的情绪有正面—负面之别、绑定了愉悦—痛苦的故事，那么就跟心智机器脱不了干系。

【问】那处在深睡眠状态时、一切都是漆黑的一片时呢？

【答】当我们处在深睡眠状态（即一切心理活动都停止）时，没有任何能量的运动或频率出现在内在空间。心智机器也处在不活动状态。

【问】你的观点"正面和负面感受不是真实存在的"很有说服力。然而，当我内观自己的内在空间时，貌似一些感受舒服、一些感受难受。对此你怎么看？

【答】要体验到真幸福，还需要真相病毒完成一定量的工作。

必须如此，因为心智机器的故事根深蒂固，而且迷惑性很强。

然而，一旦真相病毒运行到一定程度，你的"感知"就会开始变化。随着量的积累，终将导致质的变化——**真幸福**降临。

【问】要想纯原体验与故事分离，或者说体验到**真幸福**，需要多久的关注和等待？

【答】这是不可预测的。如果我们全程跟踪调查1000位"真相病毒携带者"，会发现并没有固定的进程或时间节点可循。

因为你作为一个独特的个体，你的人生游戏有着独特的剧情。

我唯一能承诺的就是，如果你的生命剧情中有"体验**真幸福**"这个桥段，**真幸福**会在最合适的时候、以最佳的方式出现。

【问】我怎么知道真相病毒有没有在运作？

【答】在运作初期，你可能不知道它正在运作。你甚至可能认为"完全没有动静"。

但如果真相病毒已被引入、获得授权履行它的职责，你终有一天会明白，重重的疑云并无法遮挡它在运作的事实。

为什么呢？

因为，你对内在空间的感知和体验将会发生剧烈的变化。

这决定了所有这一类的问题和答案。

一旦真相病毒被引入心智机器，你会看见内在空间中的变化，但有一阵子你会将其觉察为"正在进行中"。

有一道鸿沟，挡在了"你现在所在的地方"与"持续体验**真幸福**"之间。

我们必须在这道鸿沟上架起一座桥梁，而且架设过程必须分为几个步骤。

要想知道有哪些步骤，以及在跨越鸿沟的过程中有哪些值得期许的，请看下一章。

【译注】

①百忧解：一种治疗精神抑郁的药物。

第 8 章

跨越鸿沟

你活了多久，你的心智机器就自动运行了多久。

你刚翻开此书的时候，你处于"点A"，意味着心智机器正常工作、自动运行，用它的障眼法创造出正面—负面感受的幻象，并不断对"糟糕感受"发起战争。

如果你与此书产生了共鸣，那么意味着你想到达"点B"，即：真相病毒完成使命，你持续地**体验真幸福**。

在点A与点B之间，隔着一条巨大的鸿沟。

你活了多久，你的心智机器就自动运行了多久。

由于心智机器一直处在学习状态，不断更新数据库、程序和算法。因此随着你年龄的增长，它对情绪的反应变得越来越固化。

数据库中有太多数据支持正面—负面、感觉好—感觉坏的幻象。而且有多种动力让心智机器保持旧有的运作模式。

如前所述，惯性的力量相当于火箭挣脱地心引力，飞上太空所需的力量。

每个人的跨越之旅——从点A到点B、从幻象到**真幸福**——都不太一样。但一般说来有如下几个阶段：

1.真相病毒的介入

2.心智机器的不稳定

3.调试

4.心智机器的稳定

5.真幸福

接下来我会逐一阐释这5个步骤。

【一】真相病毒的介入

关于这一步，我已经在之前的章节讨论过了。唯一的问题是……我所说的会不会被接受，真相病毒能否被允许发挥它的作用。

【二】心智机器的不稳定

在真相病毒影响心智机器的过程中，可能出现各种各样的事情。在这个阶段，心智机器是不稳定的。

为防止"病毒"的比喻对你不管用，我再举另外两个比喻来阐释"不稳定"。

比喻一：吊扇

想象出一把吊在天花板上的吊扇。它正在高速旋转。

如果你把一根钢棍插入旋转的扇叶会怎样?

你会听见刺耳的噪音,扇叶暂时会减速,吊扇的正常运作被这根钢棍扰乱了。

然而,吊扇的电机依然会运行,扇叶会努力对抗钢棍的打扰。

如果在你插入钢棍的时候扇叶正飞速转动,个别扇叶可能会破损,但电机会继续运行,让剩下的扇叶继续旋转。

如果你使用足够多的棍子,让它们发挥足够的影响,最终扇叶和电机都会停下来。

心智机器就好比是吊扇,真相病毒就好比是钢棍。

比喻二:汽车装配线

在汽车装配线上,由专门的机床负责把汽车的零件装配起来,组成一辆汽车。

如果把一只扳钳塞进机床中会怎样?

装配线不会立刻停止,但你会听见噪音,一些汽车零件也可能落下来。流畅的装配线被扰乱了。

继续往机床中塞更多的扳钳,它就会完全停止运行,汽车因此无法被装好。

心智机器就相当于机床，真相病毒则相当于扳钳。

这里所讲的重点不是吊扇、装配线会立马停止运作，而是棍子或扳钳会扰乱正常的运作，而且如果进一步干扰，机器迟早会完全停下来。

真相病毒与之类似。

【三】调试

在真相病毒完成了一定量的工作之后，如果心智机器再问"三个问题"，得到的答案不仅不会"快如闪电"，而且会变得不同或更复杂。

当心智机器正常运作时，它会观察内在空间出现的能量，然后快速响应并输出"这是愤怒，它是令人感觉不好的"。

当真相病毒有了一定的影响力时，输出的结果会发生改变。

我希望列出几个可能的改变，不过需要注意的是，为了阐明一些重点，我会自由创造一些"心智对话"。

在真相病毒完成一定的工作量之后，你可能会发现内在空间中出现如下念头：

"这是抑郁，是感觉不好的……不，先等一下，可能不对，说不定它只是一种能量的运动，说不定感觉还不错……"

或者……

"这是某种能量在按照特定的频率去运动。不……我不确定……它感觉起来仍像抑郁。"

或者……

"你说____的时候我特别火大……等一下，我真的火大吗？"

或者……

"我今天真的很抑郁。抑郁？这真的是我的感觉吗？它的纯原体验——不带故事的那种，是什么样子的？"

或者最后一个例子……

"这是什么？我都不敢确定了。"

我想，你明白了。

这样的例子很多。我相信，在真相病毒影响心智机器的过程中，也会有很多独特的念头出现在你的内在空间。

　　或许在你看来这些念头挺傻的，或有些难以置信。不过当你的心智机器处在调试阶段时，你的内在空间确实会出现这类念头。

　　这是我自己和其他向我分享的人的亲身经历。

　　根据你阅读到此所积累的为基础，这可能看起来挺逗的。

　　为什么会有这样的对话？原因有三：

　　1. 心智机器的数据库中有了新的数据。

　　2. 心智机器的程序和算法被大幅修改过。

　　3. 有如钢棍插进吊扇、扳钳插进机床，心智机器的正常运作已被打乱。它正奋力挣扎、试图弄出新的规则，以期重新回到自动运作的老路上。

　　如果把心智机器拟人化理解，你可以说，当他按照老路子运作时，他是自信的。现在，他的自信已不复存在。

　　现在，它对"三个问题"的答案产生了不安。

　　【重点】心智机器会观察内在空间所出现的"一切"，包括它自己。

在这个阶段，心智机器观察到自己输出的结果充满了矛盾——输出"这是愤怒"，然后又输出"或许这不是"，或者输出"这是能量的运动"，然后又输出"不，这真的是抑郁"——它对"三个问题"纠结不已，然后……

再次为真相病毒涡轮增压。

依你阅读到此所积累的基础，这可能还显得挺幽默的。

由于心智机器处在了不稳定阶段，你很可能会因此产生迷失感、不真实感或不适感。

如果这些感受出现了，你的机会是观察它、尽自己最大的努力看见正在发生的真相，并以"乌蒙磅礴走泥丸"的心态去看待——这只是一个必经的阶段。

除此之外，你还可能觉察到心智机器正在对抗真相病毒，以图保持现状。不过，这种感觉只是幻象而已。

事实并非如此。

在调试阶段（即真相病毒已经对心智机器施加了一定程度的影响，心智机器也觉察到了变化），如果你希望感到好受些，对正在发生的保持觉察，我强烈推荐一部电影片段。这个片段出自马修·布罗德里克主演的电影——《战争游戏》^①。

我的网站上有电影片段的链接：

http://www.robertscheinfeld.com/wargames/

我强烈建议你马上停止阅读，花点时间观看这个片段。如果你能在继续阅读之前看的话，它会非常有帮助的。

在调试阶段，还可能出现另外一种现象：你可能觉得心智机器是你的敌人，它正在对抗你或故意逼疯你，让你体验不到**真幸福**。

不是那样的。

我之所以把它称为"心智机器"，是因为它就像机器。它不是一个"人"，没有愿望或意愿——不管是邪恶的还是善良的。

它不会"为"你做什么，也不会"对"你做什么。

如果希望进一步了解为什么心智机器会如此运作，请参看附录A：大哉问。

【四】心智机器的稳定

在度过调试阶段后，心智机器会进入稳定阶段。

刚刚的《战争游戏》片段对此有所描述——电脑在响应、学习之后，说"奇怪的比赛！赢的唯一方式就是不参加。要不我们来玩一盘国际象棋怎样？"

当心智机器按照原有的方式运作时，它监测到内在空间中的纯原体验，然后响应→为其量身打造评判性的故事→将故事与其绑定。

到了稳定阶段，真相病毒对心智机器施加的影响已经大到让内在空间的事物发生翻天覆地的变化。

虽然每个人的旅程不同，但在稳定阶段初期，你们很可能会看到：

1.心智机器会观察内在空间中的能量运动及频率；

2.它会问"三个问题"；

3.它会根据新的数据、新的程序、改良过的算法进行回答；

4.它会曝出关于纯原体验的**真相**，并让之前的谎言、幻象和故事与之对比，得出：它们只是能量的运动及频率，是受欢迎的，甚至是愉悦的。

在稳定阶段初期，你仍然可能听到心智机器的噪音和絮叨，混合着新旧念头，但不会再出现"调试"阶段的糟乱、拥挤、迷惘、复杂、剧烈。

在这个阶段，你可能偶尔或频繁地体验**真幸福**，"心智机器"监测到自己仍想贴标签。如果真的出现这种情况，一般都是比较低调的，像是某种轻微的暗示或细小的回音。

在稳定阶段后期，一些额外的体验涟漪可能被泛起（虽然也有可能发生在调试或**真幸福**阶段）。

这些涟漪会以类似于"三个问题"的方式出现。一般像这样：

"我感觉自己处在一个奇怪的世界中。我已经开始体验**真幸福**了，但我身边的人——朋友、家人和同事仍以旧的方式看待、处理情绪。对此我该如何做？我该对他们说些什么？当他们问我对某事的感受如何时，我该如何回应？当他们惊讶地发现我不再愤怒、受伤、尴尬时，我该怎样回应？"

或者……

"我应该告诉他们实情吗？如果我能把他们从消极情绪的痛苦中解救出来（尤其是我的家人和朋友），那么我就应该告诉他们。"

面对这种困惑，请务必把以下几点牢记于心：

⊙这只不过是心智机器在识别自身的数据，以便对真相病毒产生的影响做出相应的回应。

⊙如果你感觉自己像外星来客，与众不同、孤独，请记住：这些感觉会转瞬即逝，消融在**真幸福**的体验之中。

⊙至于与他人分享，这绝对是一个拿得出手的礼物。而且我也鼓励你这样做。但需要注意的是，你肯分享不代表别人肯接受。为什么呢？因为体验**真幸福**不见得是所有人的人生课题——可能这阵子不是，也可能终生不是。

⊙这一切都会随时间自然展开。你的故事也是。

随着真相病毒的持续作用，你的体验会进入到最后一个阶段。

【五】**真幸福**

在这个阶段，纯原体验简单、自然地在内在空间出现，不附带丝毫的故事，哪怕"真的"故事。

你将觉察到：

⊙内在空间中出现了能量的运动及频率。

⊙心智机器监测到了它们。

⊙心智机器不再响应或加工。

⊙心智机器不再问"三个问题"。

⊙心智机器允许纯原体验以其本来如是的面目出现。

⊙你将仅仅体验到纯原体验。

虽然一时间你可能还无法相信，不过这意味着你会把内在空间中所有的能量运动及频率觉知为它们本来如是的样子。如此而已——能量的运动及频率。

不再有名称或标签。

你还是会记得之前使用过它们，还会记得它们当时的影响力有多大、看起来有多真实。那些旧的称呼——愤怒、恐惧、沮丧、快乐、宁静、悲伤、抑郁……永远地从你的体验中消失了。

内在空间中不再出现正—负、好—坏的评断。

你体验着真幸福。

持续体验着。

无论你遇到什么。

那会是你的"大日子"。

我，以及所有见识过真相病毒的效果的人，都如此。

现在是时候进行结束前的最后检视了。在这之后，我会让你独自体验火力全开的真相病毒。

如果你准备好进行最后的检视，如果你想知道"红色药丸"是个什么东西，请看下文。

【译注】

①《**战争游戏**》（War Games），1983年美国电影。

第 9 章

最后的检视

这段旅程是我经历过的最不凡的体验。要是你也踏上这趟旅程，很可能也会发出同样的感叹。

英语中有个说法叫"检查i和t"，意思是：在一项任务或方案即将完成之际，详细地审查每一细节。

我们也需要完成一些"检查i和t"的工作。

根据我的经验，旅程进行到了这里，你可能到达的地点有：

A.对此书内容的理解停留在思想、概念层面，而最终彻底忽视这些内容

B.在思想、概念层面排斥此书的内容

C.真相病毒被"部分植入"

D.真相病毒被"完全植入"

不论你属于哪种情况，都无所谓"对错"或"好坏"。

如我之前多次所说的，我们每个人的人生故事和旅程都是独特的，而**真幸福**并非写进了每个人的人生剧本之中。

或许上述几种选项中的某一个已经是你目前的状态了，也可能你的选项需要过一段时间才会浮出水面。

接下来，我们将一一检视它们。但在开始之前，必须先打个基础。

购买此类书籍的读者往往都渴望得到个人的或灵性的

成长，而且可以被分为三种类型：

　　⊙采集者（Collectors）

　　⊙实践者（Doers）

　　⊙转化者（Transformers）

　　【采集者】

　　采集者喜欢看各种各样的书、参加各种各样的研习班、学习各种各样的视频音频等，从而收集到各种各样的思想和理念。

　　采集者酷爱收集。他们非常乐于与各种思想和理念共舞。

　　对他们来说，一切都只停留在心智或是理论层面。

　　他们很少体验到持续的效果或转化。

　　他们只是收集。

　　大多数的采集者并不完全清楚他们正在做什么。

　　【实践者】

　　实践者们喜欢实践各种各样的技术、操作各种各样的策略，尝试用实践去改变、修正、改善生命中的某些面向。

大多数实践者并没有找到什么技巧或策略去完成可持续而真实的转化。

他们只是忙于"做"。

大多数实践者认为他们想要的是"结果"，然而他们真正想要的是"做得更多"。

【转化者】

在经历过采集者或实践者的身份之后，某些人变成了转化者。也有的人没有经过这两个阶段，直接成为了转化者。

作为转化者意味着体验并了悟到**真相**。

如果你想多了解一些关于采集者、实践者、转化者的资料，请参阅我的一篇博文，地址如下：

http://www.robertscheinfeld.com/types/

好了，基础打好了。接下来开始讨论你在阅读完此书后会选择的结论。

【Ａ】对此书内容的理解停留在思想、概念层面，而最

终将彻底忽视这些内容

如果你是个采集者，而且在读了此书后仍是个采集者。那么最大的可能性是：心智机器察觉到你"学到了"一些重要的东西，它会说出类似这样的话：

"这挺有趣的。"

或者……

"这挺引人入胜的。"

再或者……

"这还蛮酷的。"

不过最终你会放下这本书，继续去收集其他思想或理念。真相病毒一直未被植入。

如果是这种情况，如前所述，是因为你的人生剧本中暂时或一直没有"体验**真幸福**"这一项。取而代之的是"将我所分享的内容收纳进你心智机器的数据库中"——不管为什么这样安排。

【B】在思想、概念层面排斥此书的内容

这种情况和前者没有本质区别。

你的心智机器在想法、概念层次上排斥我所分享的内容，最后你会放下这本书，继续你的旅程，无真相病毒引入。

如果是这种情况，如前所述，是因为你的人生剧本中暂时或一直没有"体验**真幸福**"这一项。取而代之的是"将我所分享的内容收纳进你心智机器的数据库中"——不管为什么这样安排。

【C】真相病毒被"部分植入"

此书的内容可能被接受，真相病毒会被部分植入，但真相病毒会在完成任务前停止运作。

为什么会出现这种状况？

原因有很多种，以下是一些最典型的：

⊙真相病毒是在"心智机器怀疑此书的真实性"的情况下开始植入的。

⊙随着真相病毒开始植入，心智机器便一直在寻求证据，以消除对真相病毒的疑心。

⊙在真相病毒还没来得及完成一定量的工作之前，心智机器便因为没有找到足够的证据而没能消除自己的疑心，导致真相病毒的植入停了下来。

另外，心智机器并不是真的能让真相病毒停止运作。我之所以这样描述，是因为这个过程看起来像是如此。

如前所述，如果是这种情况，说明你的人生剧本中暂时或一直没有体验**真幸福**的桥段。取而代之的是"在停止运作前，真相病毒对部分数据、程序及算法进行修改"。

【D】真相病毒被"完全植入"

这是最后一种可能，也是此书的终极目的。

若发生这种情况，意味着**体验真幸福**就是你目前人生剧本的一部分，你将经历前文所述的几个阶段，直到**体验到真幸福**。

接下来，我想把我在此书中说过的事情再强调一遍：

我亲身体验了书中所述的一切。

所有现象。

所有阶段。

所有。

我的教学内容的风格一直都是：

1.经历过的；

2.完成了的；

3.亲证到很深程度的；

4.被其他人刨根问底或突击"审查"过的。

这趟**真幸福**之旅的细节，来自我对自己和其他分享者的观察。

不是思想，不是概念，也不是理论。

这段旅程是我经历过的最不凡的体验。要是你也踏上这趟旅程，很可能也会发出同样的感叹。

现在是时候做完成前的最后检视了。

我在此书分享了很多。

但也省略了很多。

故意的。

为什么呢？

有四个理由：

（1）此书就是为真相病毒的植入而生的。就是这样。

（2）要达到这个目的，需要有一定的细节，但过犹不及。

（3）我希望这本书读起来轻松、快速。这样才更容易层次分明。不少读者一看到冗长的篇幅和繁复的段落就被吓住了。

（4）简短、通俗有助于让读者多看几遍。而对于这本书，多读几遍很有好处。

OK，是时候去探一探"红色药丸"到底是什么了。我一直在说"它是那个什么也可能不是那个什么""它可能那个什么也可能不那个什么""服下它对你很有帮助"。

欲知它为何，翻到下一页。

第 10 章

红色药丸

此书的目的是帮助你体验到真幸福，持续地体验，无论你遇到什么。

此书的目的是帮助你体验到**真幸福**，持续地体验，无论你遇到什么。

然后……

开启一扇门。

好让你走得更远，如果你希望如此的话。

无论它的代价是什么。

对于有的人，此书足矣。

对于有的人，此书能够引入并完全植入真相病毒，引导他们进入**真幸福**。

我期望（也正在努力）让绝大多数读者达成。

然而在和全世界数千人分享过后，我发现一些人的心智机器的数据、程序和算法竟是那么顽强、那么具有催眠性和迷惑性。鉴于此，如果你希望引入真相病毒，或希望完全植入真相病毒，你还需要……

启动"魔法"。

当我向心智机器引入并完全植入真相病毒的时候，我没办法读到此书。

所以，就我而言，我不得不踏上一条可以为我提供

"更多东西"的路。

所以，就我而言，我不得已踏上的那条路给我提供"红色药丸"。

靠着红色药丸，我**体验**到了**真幸福**，甚至更进一步——我体验到了"**真相**"，并以多种方式安住在了**真相**之中。因此，红色药丸可能对你也有这样的帮助。

所以我才会增加了本章。

什么是红色药丸？

让我这么来阐释。

在电影《黑客帝国》（The Matrix）中，有两个重要角色——墨菲斯和尼欧。他们之间有一段支撑起整个剧情的对话。

这段对话出现在《黑客帝国》三部曲的第一部，我强烈建议你读完此书后去看看。如果已经看过了，建议你重温一遍。

你将发现这部电影对我们实现目标有极大的帮助。

以下就是墨菲斯对尼欧所说的：

"吞下蓝色药丸，这里的一切将结束，你会在床上醒来，继续相信那些你希望相信的；吞下红色药丸，你会留在现在所在的'爱丽丝仙境'，我会带你去看这个'兔子洞'到底有多深。"

尼欧选择了红色药丸。

尼欧吞下红色药丸之后，并没主动做什么。而是红色药丸触发了一系列的事件，将他从"母体"的谎言、幻想、故事中解放了出来。

在被解放出来后，尼欧终于能够体验到**真相**、完成身为救世主（The One）的使命，并透过自己表达新的创造性力量，最终重塑自己的生命，重塑世界。

尼欧吞下红色药丸、在**真相**中醒来以后，他必须采取行动才能适应**真相**，才能发现和发展自己身为救世主的潜能。

你也可以如此……如果有必要的话，如果有帮助的话。

除了你从此书所收获的东西（希望你收获颇丰），我还可以给你一颗红色药丸。它能促进真相病毒的植入，帮助你调整、发现、发展你的潜能，让创造性能量透过自己表达出来，重塑自己的生命和世界。就像《黑客帝国》中的尼欧一样。

红色药丸有三个明显的好处:

1.如果此书没能引入真相病毒,红色药丸可以。

2.如果此书已经引入真相病毒,红色药丸能显著加速真相病毒在心智机器中的运行。

3.如果此书已经引入真相病毒并完全植入,红色药丸能够帮助你更深入地体验"安住于**真相**"的真正意义。

为什么呢?

因为心智机器不只是响应和拦截。

它除了响应和拦截,还会把你所体验的各个面向绑定上谎言、幻象和故事。

继续这个比喻。

你可以这么理解:还有另外一种真相病毒可以植入心智机器,从而修改、删除数据,修改程序和算法,并重新装入新程序、新算法。

这将剧烈改变发生在你身上的事物、剧烈改变你对其他所有事物的觉知。

简言之,我所说的"安住于**真相**"远远超越了"仅仅处在**真幸福中**",虽然后者已经很了不起了。

另外，它还会影响你生命的、内在空间的、剧情空间的各个面向。

【**重点**】红色药丸能够引入并完全植入额外的真相病毒。

为了阐释红色药丸的功用，我再打两个比方。

第一个比方：剥煮鸡蛋壳

我喜欢吃煮鸡蛋，但我以前很难在剥蛋壳的时候不伤及蛋体。

后来有个人教我怎么做。

首先你把整个蛋壳轻轻敲破，然后用手掌把破裂的鸡蛋来回轻轻地搓，这样有助于蛋壳与蛋体分离。

如果敲和搓都恰当，蛋壳就可以轻松剥除，你就能得到完整无损的蛋体（象征"里面的奖励"）。

可以这样假设：

1.蛋壳象征着心智机器旧的运作模式，不停创造积极／感觉好的情绪和消极／感觉坏的情绪的幻象。

2.敲—敲—敲—搓—搓—搓象征着"红色药丸"。

3.蛋壳内的蛋体就是那个"奖励",即**"真幸福"**和**"安住于真相"**。

借由正确地敲碎蛋壳(从许多角度去敲)、正确地搓、正确地剥壳,就会达成并持续体验**"真幸福"**和**"安住于真相"**。

第二个比喻:用炸药拆除大楼。

建造一栋大楼需要几个月甚至是几年的时间。但如果在大楼内部的适当地点安放适量的炸药,这栋大楼便会在几秒钟内被夷为平地。

我在我的网站上共享了一段爆破大楼的视频,便于你直观地理解我所说的:

http://www.robertscheinfeld.com/demolition/

我强烈建议你停止阅读,看完这段视频。

可以这样假设:

1.大楼代表心智机器旧的运作模式,不停创造积极/感觉好的情绪和消极/感觉坏的情绪的幻象。

2.炸药代表"红色药丸"。

3.大楼的崩塌开启了一道门。这道门通往"**真幸福**"和"**安住于真相**"。

那么，"红色药丸"到底是什么？

它是一个由我创立的体验营。

一个为期24周的体验营。如同尼欧吞下红色药丸，发动一系列事件，引入并完全植入一系列各式各样的真相病毒并让其完成使命，将你领入**真幸福**之中，最终让你生命的所有面向都安住于**真相**之中。

这个为期24周的体验营，能让蛋壳破裂、剥离。

这个为期24周的体验营，可以在适当的地点放置适量的炸药，并以适当的方式引爆。

这个为期24周的体验营，由于包含了训导课程，所以你可以与我面对面交流，作为众多真相病毒的一种。

如果你想了解红色药丸的更多信息，请看我为你们制作的一段视频：

http://www.robertscheinfeld.com/the-red-pill/

我们的旅程进行到这里，几乎就快要完成了。

接下来，我们来看看如何迅速展开行动。请翻页。

第11章

迅速展开行动

步入真幸福没有单一的门路。

哇。

我们已经一起走了好远了啊，亲！

接下来只剩下一些"最后的念头"。在你放下此书的时候，这些念头能帮助你迅速展开行动。

【记住】

在阅读此书时以及放下此书后，内在空间中出现的绝大多数东西都只不过是——

⊙心智机器的嗡嗡声

⊙旧的想法、故事或结论

⊙建立在心智机器的旧数据、旧程序、旧运算之上

⊙对你来说，现在的"良机"是：

切实深入内在空间，看看正在发生什么，然后再看看正在发生什么。

切实深入内在空间，允许纯原体验与心智机器的故事相分离。

而不是思考它、分析它、试着理解它，把它弄明白或者仅仅专注于思想、概念和理论的层面。

【耐心】

知易行难，我明白。

相信我，我真的明白。

但它也很重要。

步入**真幸福**没有单一的门路。

就算步入，也无法预测真相病毒会在何时运作、成效何时能被你看见，以及什么时候完成任务。

可能很快，也可能不是。

如果您发现自己不耐心，到底在发生什么？

心智机器在制造噪音！

它最终会平静下来。

【信任】

我说过，作为一个独特的角色，你是一个独特不凡的剧本中的明星。

我之所以没有在前面的章节讨论这一点，是因为它脱离了此书的主题。但我希望现在播下这样一粒种子：存在一个"永恒智慧（Intelligence）"或"意识（Consciousness）"

或"力量（Force）"（不管怎么称呼它①）。它操纵着你的故事，类似于小说作者操纵着小说情节的发展。

那个"作者"把"你会读到此书"写进了你的人生剧情中。

那个"作者"如此安排有它的理由，是它制定了你的人生。

你可以相信的是，有更高的力量在支配这本书对你的影响。等时候到了，相应的影响自然会显现。

如果你发现自己无法相信这一点，如果你发现自己怀疑、担心、控制、左右或加速真相病毒，意味着什么呢？

心智机器在制造噪音！

要想更多地了解"作者"为何，以及它怎样扮演角色、它跟你有怎样的关系，我建议你服用"红色药丸"。

【一定要去体验此书所有的附加内容】

我在正文中分享了不少链接。这些额外的资料会为你的**真幸福**之旅提供支持。

如果你没有体验完所有的附加内容，记得一定去体验。

我向你承诺：附加资料，值得拥有。

【要点提示】

最后，我想再次声明如下6个重点：

1. 我在这里所分享的一切都是事实和真相。

2. 我切实经历了我所分享的一切。

3. 我正**体验**着**真幸福**，此处如此，此刻如此，随时如此，每天如此。

4. 通过拥抱我分享的讯息，其他人也到了"那里"。

5. 此书没有鼓吹，没有未经实践检验的谬误，没有扯淡，没有言之无物。

6. 你也可以到达"那里"——不管心智机器在你的内在空间中弄出什么噪音。

所以，现在，"大水滴"已坠入你的心海，激起了最有益处的涟漪。

我做了所有能通过此书而做的事。

从这一刻起，你的剧情发展就取决于你和"作者"了。

从这一刻起，注定会发生什么，就会发生什么。

酷啊……

尽情享受这段旅程吧!

欧耶,当此书影响到了你的**体验**,我希望听到你的故事。你只需要访问我的网站、发送信息:

http://www.robertscheinfeld.com/contact/

在结束之前,我想表达我的感谢,感谢你在我这里付出了这么多宝贵的时间。

我相信你已经发现这些时间用在了刀刃上。

好了,我得说"拜拜"了。期待你我的下次接触,不管是何种形式。

【译注】

①即不同文化背景中所称的道、上帝(非拟人化的)、真主(非拟人化的)、宇宙本源、本源界、一、全一、空、梵天,等等。

附录A　大哉问

我在书中不止一次地说过：

⊙有某种原因，让心智机器如此运作。

⊙有某种原因，让心智机器允许**真幸福**被体验。

⊙有一个"作者"，因某些目的创作了你的人生剧本。

如果你想知道这些观点背后的原因，请看我为你们制作的一份特别的文档：大哉问。下载地址：

http://www.robertscheinfeld.com/the-big-why/

附录B　名词解释

【真幸福】True Happiness

真正的幸福。此标签用于指代不带名称、标签、形容、评判、故事的情绪能量运动和频率。

【幸福】

内在空间中的能量按照某种频率所进行的运动。

【感受】或【情绪】

在此书的语境中，两者是同义词。

【真相】

用于指代内在空间和剧情空间的实际；用于指代包含着一切所是和一切体验的"本源"。

【故事】

非真相。

【内在空间】

此标签用于指代与我们内在环境相关的广阔空间，区别于"剧情空间"。包含思想、情绪、知觉等。

【剧情空间】

人物、地点、事物以及你的肉体所在的空间。因为人生如戏，故称之为"剧情"空间。你的人生就像小说、电影、戏剧、电脑游戏一样，拥有剧情。

【心智机器】

此标签用于指代一种机制。这种机制负责将内在空间和剧情空间所出现的事物进行分离、描述、命名和评判。

【体验】

此书中**下划线**的体验指的是"对真相的体验""对到底正在发生什么的体验"。与"心智机器制造的相关谎言、幻象、故事"相对。

【能量的频率】

情绪（感受）的属性之一。

【看见】

此标签表示透过肉眼看见，或者透过谎言、幻象和故事的曲面镜看见。

【看见】

此标签用于指代完全从真相的角度、从"到底正在发生什么"的角度看见。与"心智机器编造出的相关谎言、幻象、故事"相对。看见远远超越了"懂得"或肉眼看见。

【评判】

此标签用于指代心智机器向内在空间抛出的故事。故事是二元的——好与坏、正确与错误、更好与更坏、正面与负面，等等。

【评判性故事】

心智机器对出现在内在空间或剧情空间的纯原体验所编造的故事。

【算法】

一种规则或进程，用于计算或问题解决。"算法"一般应用于计算机领域。

【深度睡眠】

此标签用于指代这样一种意识状态：内在空间或剧情空间没有出现任何事物；心智机器处在"休眠"状态。

【梦境空间】

此标签用于指代梦所在的"空间",梦境空间是内在空间的一个子集。

【人类故事】或【人性游戏[①]】

此标签用于指代被人们称为"人类体验"的各个面向。

【知道】

此书中粗体的"知道"用于描述某种觉知。这种觉知来源于对真相的觉察、对"到底正在发生什么"的觉察。与"心智机器编出的相关谎言、幻象、故事"相对。这里的"知道"远远超越了一般意义上的"知道"。

【名称】或【称谓】

用于描述出现在内在空间或剧情空间的事物。可以叫出的名字从来就不是它真正的名字。所有名字只是为交流之便而不得已为之的一种"指代"。例如:愤怒、沮丧,椅子、车子、山峰,头发、眼睛、鼻子,等等。

【知觉】

此标签用于描述出现在内在空间的身体感受。

【红色药丸】

一个为期24周的体验营。它能协助植入真相病毒并加速其运作，让你达到并超越**真幸福**。

【念头】

出现于内在空间。可能制造出文字、图像或声音等形式的故事。

【译注】

①在《你值得过更好的生活》和《你值得过更好的生活2》中译为"人性游戏"。

作者简介

[美] 罗伯特 · 沙因费尔德（Robert Scheinfeld）

二十多年来，沙因费尔德在一百九十多个国家，帮助许多人以更少的时间和努力享受更多乐趣的同时，创造出惊人的成果。他乐于帮助他人从自我限制中解脱出来，并活出充满力量的自我。

图书在版编目（CIP）数据

快乐终极指南 / （美）罗伯特·沙因费尔德著；朱清明译. -- 北京：中国青年出版社，2023.6
ISBN 978-7-5153-6935-8

Ⅰ.①快… Ⅱ.①罗…②朱… Ⅲ.①幸福—通俗读物 Ⅳ.① B82-49

中国版本图书馆 CIP 数据核字 (2023) 第 078284 号

著作权合同登记号：01-2023-0887

快乐终极指南

作　　者：〔美〕罗伯特·沙因费尔德
译　　者：朱清明
插画作者：stano
责任编辑：吕娜
书籍设计：瞿中华
出版发行：中国青年出版社
社　　址：北京市东城区东四十二条 21 号
网　　址：www.cyp.com.cn
经　　销：新华书店
印　　刷：三河市万龙印装有限公司
规　　格：787mm×1092mm　1/32
印　　张：6.25
字　　数：100 千字
版　　次：2023 年 6 月北京第 1 版
印　　次：2023 年 6 月河北第 1 次印刷
定　　价：69.00 元
如有印装质量问题，请凭购书发票与质检部联系调换
联系电话：010-65050585